趣味化学

〔法〕法布尔　著

刘玉　译

四川大学出版社
SICHUAN UNIVERSITY PRESS

图书在版编目（CIP）数据

趣味化学 ／（法）法布尔著；刘玉译．— 成都：
四川大学出版社，2024.6
ISBN 978-7-5690-5287-9

Ⅰ．①趣… Ⅱ．①法… ②刘… Ⅲ．①化学－青少年
读物 Ⅳ．① O6-49

中国版本图书馆 CIP 数据核字（2021）第 277778 号

书　　名：趣味化学
　　　　　Quwei Huaxue
著　　者：〔法〕法布尔
译　　者：刘　玉

选题策划：王小碧　宋彦博
责任编辑：宋彦博
责任校对：刘柳序
装帧设计：牧田文化
责任印制：王　炜

出版发行：四川大学出版社有限责任公司
　　　　　地址：成都市一环路南一段 24 号（610065）
　　　　　电话：（028）85408311（发行部）、85400276（总编室）
　　　　　电子邮箱：scupress@vip.163.com
　　　　　网址：https://press.scu.edu.cn
印前制作：北京牧田文化传播有限公司
印刷装订：北京长宁印刷有限公司

成品尺寸：170 mm×240 mm
印　　张：12.25
字　　数：210 千字

版　　次：2024 年 6 月 第 1 版
印　　次：2024 年 6 月 第 1 次印刷
印　　数：1-10030 册
定　　价：46.00 元

本社图书如有印装质量问题，请联系发行部调换

扫码获取数字资源

四川大学出版社
微信公众号

目 录

开场白

保罗是一个学识渊博的人，他和两个侄子——埃米尔、约尔住在乡下，过着清静、悠闲的日子。约尔是哥哥，埃米尔是弟弟，他们俩都很爱学习，而且约尔认为只要掌握了算术和语法，即使不在学校也能学习钻研。保罗叔叔也总说："生活如一场残酷的战斗，最厉害的武器是训练有素的头脑。"

最近，保罗叔叔一直计划教约尔和埃米尔学习基础的化学知识，他认为化学是实际生活中最有用的学科。他时常问自己："这两个孩子以后会做什么工作？是制造专家、匠人、机械师、农民，还是其他什么工作？现在还难以确定，但是有一件事可以确定——不管他们将来做什么工作，都有必要掌握基本的科学知识，应该知道空气是什么、水是什么、我们为什么要呼吸、木柴为什么能燃烧、植物生长需要哪些营养元素、土壤有哪些成分……这些基础理论与农业、工业、医药等有着密不可分的联系。我不想他们做事情只知其然不知其所以然，我希望他们能够凭借自己的观察和实验透彻地掌握这些知识。而这些只靠书本是远远不够的，书本只是科学实验的一种很好的辅助工具罢了，更需要的是观察和实验。"

但是，又该如何进行观察和实验呢？保罗叔叔发现，实施这个计划存在着极大的困难，因为他既没有实验室也没有精密的化学仪器，现在只有一些普通的家常物品，比如瓶子、水壶、盘子、杯子、陶盆等，看起来不足以完成一个严谨的化学实验。幸运的是，他们住的地方离市区不远，如果需要，随时可以去买一些必需的药品和仪器。但是保罗叔叔想的是：如何利用这些普通的家常物品教两个孩子学习化学知识呢？

终于有一天，保罗叔叔正式地对两个孩子说，要教他们做很多好玩的实验。他并没有直接说出"化学"这个名词，而是说了各种有趣的物品和将要展示的各种有趣的实验。好奇是孩子们的天性，埃米尔和约尔听完叔叔的话后欢呼雀跃。

他们兴奋地问："什么时候开始做实验？今天还是明天？"

保罗叔叔说："今天！给我5分钟准备，马上开始。"

第 1 章 混合和化合

怎么分辨铁屑

说到做到，保罗叔叔先跑到附近的锁匠家里，从锁匠的工作台上拿了一样东西，用纸包好。然后又跑到药店买了一剂药，也用纸包好带回家。实验开始了。

保罗叔叔当着两个孩子的面打开一个纸包问："知道这是什么吗？"

"这种黄色粉末用手指捻一捻会发出轻微的爆裂声，这一定是硫黄。"埃米尔说。

"没错，一定是硫黄。让我试试看。"约尔说着就跑进厨房，拿了一块烧红的木炭回来，然后捏起一小撮黄色粉末撒在木炭上。只见粉末开始燃烧起来，出现蓝色的火焰，同时还散发出一股硫黄独有的令人窒息的气味。

约尔得意地说："这足以证明是硫黄了吧！因为只有硫黄燃烧时会产生蓝色火焰，还会发出难闻又呛人的气味。"

"对，这是一种研磨得很细的硫粉，也叫硫黄。那你们再来看看这又是什么？"保罗叔叔一边说一边打开另一个纸包，亮出了一撮金属粉末——从这些细小颗粒的光泽来看，很明显是一种金属。

埃米尔说："这看起来很像铁屑。"

约尔说："岂止很像，这就是铁屑。保罗叔叔，你是不是从锁匠那里拿来的？"

保罗叔叔说："约尔猜对了，反应很快嘛，但是不应该这样草率地下结论。我们研究任何问题，在下结论前都需要先仔细考察，然后再做论断，否则很容易出现错误判断。比如你刚才的论断，虽然是对的，但是你并没有充分的证据证明这些金属颗粒是铁屑。如果仅靠外观，铅屑、锡屑、银屑和铁屑并没有太大差别，颜色也都为银灰色，而且都带有明亮的金属光泽。你刚才之所以确定黄色粉末是硫黄，是通过撒到烧红的木炭上得到证明的。同样的道理，我们得找到能确定这是铁屑的确切证据才行。"

两个孩子疑惑地望着对方：用什么办法来证明这是铁屑呢？没有一点头绪。最后，保罗叔叔给了他们一个提示。保罗叔叔说："还能找到你们经常玩的马蹄形磁铁吗？我总看见你们用它吸钉子、吸缝纫针，但是磁铁能吸起铅来吗？想想看，磁铁会不会正好能解决你们现在的困惑？"

约尔说："磁铁可以吸起来一把很沉的刀，但是吸不起来铅，一小块都吸不起来。"

"那磁铁可以吸起锡吗？"

"也不能。"

"银和铜呢？"

"还是吸不起来。我知道了，磁铁能吸铁，这就是我们要做的实验，让我来试试。"

说着，约尔就一步三跳地跑上楼，从堆满玩具和书的架子上找到了那块马蹄形磁铁，又急忙跑下楼。他拿着磁铁靠近那些金属粉末，近得几乎要挨上了。就在一瞬间，一簇簇金属屑突然被吸了起来，像竖起的长胡须一样挂在磁铁两端。

约尔兴奋地叫道："快看！被吸起来了，我现在可以确定这些金属屑就是铁屑。"

保罗叔叔说："对，这些金属屑确实是铁屑，是我从锁匠的工作台上拿来的。既然现在已经确切证明这两种物质是硫黄和铁屑，那么我们就可以进行下一步的化学研究了。一定要留心观察我下面的操作。"

趣味小知识：

①硫黄为淡黄色脆性结晶或粉末，有特殊臭味，不溶于水，微溶于乙醇、乙醚，易溶于二硫化碳。硫黄被广泛应用于多个领域，如电视显像管及其他阴极射线管中所用的各种荧光粉、橡胶中的硫化剂；农业上

用于调节土壤的 pH 值，也可用于制作杀虫剂、杀菌剂；医药工业上，用以制造磺胺等药品；军事上，用于制造常规炸药；食品工业中，可用来制作蔗糖脱色剂等。

②马蹄形磁铁就是 U 形磁铁，因为其 U 形使磁极指向同一方向，所以其磁性比正方形、长条形磁铁的磁性更强。工业上，马蹄形磁铁常用于建筑工程中以收集大块的重金属，也常用在钟摆的底部。

分开混在一起的"铁硫粉"

接着，保罗叔叔把硫黄和铁屑倒在一张大纸上，然后将它们搅拌在一起。

"你们看看，现在纸上有什么？"保罗叔叔问。

"这太简单了，不就是硫黄和铁屑的混合物嘛。"约尔回答。

"没错，是硫黄和铁屑的混合物。但是，现在你还能将两种混合得非常均匀的物质区分开吗？"

埃米尔仔细观察了一会儿说："这也不难，黄色的物质就是硫黄，闪着金属光泽的就是铁屑了。"

"那么，你们能将这两种物质从混合物中分离出来吗？"保罗叔叔问。

"这有什么难的，只是需要花些时间而已。我的视力很好，给我一根针，我就能把所有的硫黄挑拣到一边，把所有的铁屑挑拣到另一边。就是这样做太麻烦了，恐怕我没有耐心坚持到最后。"埃米尔说。

"确实，从混合物中分离这两种物质相当耗时，比从盘子里拣豆子还费工夫，就算你有足够的耐心也不可能完成。当然，事情也并非不可能，它们确实是可以分开的。不过，这一小堆粉末既没有纯硫的黄色，也没有纯铁的银灰色金属光泽，只有黄色与银灰色混合后的灰黄色。除非你有过人的眼力、足够的耐心和敏捷的双手，否则无法把它们分开。但是，一定有更好的办法可以分离这两种物质，开动你们的脑筋，看看你们两个谁能想出来？"

"我想出来了！"约尔一边兴奋地说一边把磁铁的两端在混合物上来回移动。

"我也正想这么做。"埃米尔说，"刚才叔叔已经提到磁铁了，所以想到这个办法一点也不难。"

保罗叔叔对埃米尔说:"能通过思考找到解决问题的方法就非常好,而如果能马上解决问题就更好了。但是,也不用着急,我相信很快你就能和约尔一争高下了。现在,我们一起看下约尔分离这两种物质的方法是否管用。"

约尔继续拿着磁铁在混合物上移动,果然铁屑被磁铁两极吸引,像胡须一样聚集在磁铁两端,而磁铁对硫黄丝毫没有吸引力,硫黄被留在了纸上。

"太棒了!如果这样反复吸,用不了 10 分钟就能把铁屑和硫黄完全区分开了。"约尔得意地说。

保罗叔叔说:"可以了,不用再吸了。你的方法非常完美,既简单又有效果。现在,我们再把铁屑放回到硫黄中。虽然用磁铁可以很容易地把这两种物质分开,但磁铁不一定唾手可得,你们能不能想到一种不用磁铁就可以把它们分开的方法?我会给你们一些提示。其实,还有一个非常好的方法,不需要借助其他工具。你们想想看这两种物质哪个重?"

两个孩子异口同声地回答道:"铁重。"

"如果我们把铁放到水里会怎么样呢?"

"它会沉到水底。"

"假设把硫黄也放到水中呢?我说的是硫黄粉末而不是整块的硫黄,因为硫黄块也会像铁一样沉到水底的。"

"我知道!我知道!"埃米尔怕又被约尔占先,赶忙抢着说,"假如我们把这些混合物放进水里,铁屑会沉下去,而硫——呃——硫——"

见约尔要插嘴,保罗叔叔提醒道:"别作声,让弟弟把话说完。"

埃米尔双颊涨得通红,接着说道:"硫黄可能浮在水面上,也可能会沉到水底,只是不会像铁屑那么快沉下去,让我们来试试吧。"

保罗叔叔赞许地说:"埃米尔,我刚才就说你很快就可以和埃米尔一争高下了,果然如此。你的主意很棒,刚才之所以说得吞吞吐吐是因为你对硫黄的状态不是很确定,我会试验给你看的。"

于是,保罗叔叔用玻璃杯装了一大杯水,然后抓了一把混合物放到了水中,同时用木条搅动液体直到其被搅动得十分浑浊时才停了下来,静待结果。没过多久,比较重的铁屑就沉到了水底,而硫黄还随着搅动的惯性在水中兜圈子。保罗叔叔又把含有硫黄的悬浮液倒进了另一个玻璃杯,静置一会儿,硫黄依然悬浮在水中。这样，就完成了两种物质的分离，铁屑在第一个杯子里，硫黄在第二个杯子里。

保罗叔叔说："你们看，这种方法也能将混合物中的两种物质分离开，而且使用的工具更容易得到。我们以后要做的也是这类不需要复杂工具就能完成的实验。好了，我已经向你们演示过，如何完成这种混合物的完全分离，但这不是我的目的。我们来总结一下刚才所学的内容：如果由两种或两种以上的物质组成一种混合物，是可以用各种简单的方法来完成分离的。摆在你们面前的是一堆硫黄和铁屑的混合物，我们可以借助磁铁或水来完成分离，或者如果你有足够的时间和耐心，也可以用手一粒一粒地挑出来。现在，让我们继续进行下一个实验吧。"

啊！好烫的瓶子

保罗叔叔说着，又把铁屑和硫黄的混合物倒进一个盆子里，还加了一点儿水，搅拌成膏状。然后，他拿来一个透明广口玻璃瓶，把膏状混合物放了进去。接着，他把广口瓶放在太阳底下，给它点热量。因为正值酷暑，保罗叔叔预计用不了多久就可以得到他想要的结果。

他说："注意看，神奇的事情马上就要发生了。"

两个孩子眼都不眨地盯着瓶子，生怕错过神奇的一幕。这个透明的广口瓶里会发生什么呢？他们等了将近一刻钟的时间，只见瓶子里面原本是灰黄色的混合物逐渐变成黑色，最后变得像煤灰一样，同时从瓶口"哧哧"地喷出了水雾和少量黑色物质，好像爆炸产生的气浪喷射出来一样。

保罗叔叔对约尔说："你握住瓶子，看有什么感觉？"

约尔毫不犹豫地握住瓶子，突然惊叫道："啊！好烫！好烫！"他险些把瓶子丢出去。约尔立刻把瓶子放在地上，转过身对着保罗叔叔，好像不小心被烧红的铁烫到似的搓着手，说："叔叔，怎么这么烫啊？烫得我简直一秒钟都握不住。如果不是亲眼所见，我还以为它在火上烤过呢，但是没有用火烤它呀，怎么会这么烫呢？"

埃米尔听完也想亲自试一试。他先用指尖小心地碰了碰瓶子，然后大胆地将其抓在手里，但跟约尔一样立刻放了下来。对于这无缘无故的发热，埃米尔一样感到惊奇和迷惑。他想："只是在铁屑和硫黄的混合物里加了点水，水又不是燃料，不应该发热呀？虽然放在烈日下可以加点热，但是无论如何也达不到使瓶子烫到拿不住的程度呀？太难理解了。"

【作者的话】亲爱的读者，保罗叔叔接下来将带给你许多不可思议的化学实验。你会发现自己仿佛置身于一个崭新的世界，充满新奇和惊喜。但是不用担心，只需要仔细观察，记住你所见到的事情。虽然现在看来有点神秘莫测，将来你终会明白其中的道理，感叹化学真是一门名副其实的科学。

创造一座小火山

保罗叔叔说："以你们小小的伤痛为代价，我们已经知道这个瓶子里的混合物会自己发热，而且温度还很高。对于刚才看到的其他现象，只能认为是混合物发热后的表现。我加入混合物中的水已经变成了水蒸气，所以我们看到有白色的水雾从瓶口喷出，而且伴随着'哧哧'的声音以及轻微的爆炸，还有固态物质喷出。要是我刚才放进去的铁屑和硫的混合物不只是一两把，而是一升或者更多，那么，结果一定会令你们更加惊讶。但现在我要给你们做一个更加奇妙有趣的实验。

"将适量的铁屑和硫黄的混合物放进一个大地洞里，在上面洒点水，堆些湿润的泥土，筑成一个小山丘。等一会儿，这个小山丘就会像火山一样喷发，四周的地面都跟着颤动，堆起的泥土会裂开许多缝隙，从裂缝中会喷出蒸汽，并伴有'哧哧'的声音和剧烈的爆炸，甚至还有火苗喷出。这个实验叫人造火山实验。但是在这里，我得说明一下，真正的火山的形成原理与人造火山实验完全不一样，我们暂时不说二者之间的区别。你们有空的时候，可以用少量的铁屑和硫黄做一个人造小火山实验。虽然做成的火山肯定很小，但还是非常有趣的。至少它会产生裂缝，喷出灼热的蒸汽。"

　　埃米尔和约尔听完后，决定有空的时候一定用铁屑和硫黄进行一次人造火山实验。正在他们讨论这一计划时，玻璃瓶中的反应逐渐减弱了，温度也下降了很多，用手握住也不会觉得烫了。保罗叔叔拿起瓶子，把里面的混合物倒在一张纸上，之前的混合物已经变成像煤烟那样的黑色粉末了。

　　保罗叔叔说："现在，你们再仔细检查一下还有没有黄色的硫黄，哪怕一点点也行。"

　　两个孩子取来一根针，在黑色粉末中仔细查找，但是一点硫黄粉末都没有找到。他们问道："硫黄到哪里去了？之前亲眼看见叔叔把硫黄放进瓶子里了，所以应该在瓶子里才对呀。而且刚才做实验的时候也没有损失啊，除了溢出一些水蒸气外，没有任何东西跑到瓶子外面。它一定还在里面，但我们一丁点都找不到，不知道为什么。"

　　约尔接着说："是不是因为它变成黑色粉末了所以我们才找不到？那我们用火试试，一定能解决这个问题。"

　　约尔觉得自己已经找到了答案，便跑进厨房取回了一些燃着的木炭，然后抓了一把黑色粉末，撒在木炭上，还使劲儿把木炭吹得发红。但是令他失望了，过了很久黑色粉末都没有燃烧起来。接着约尔又抓了几把黑色粉末撒在木炭上，结果还是一样，并没有燃烧出蓝色的火焰。

　　"真奇怪啊，硫黄明明在里面，却燃烧不起来。"约尔疑惑地说。

　　埃米尔说："就连铁屑也不见了，只剩下一堆黑乎乎的粉末，一点铁的金属光泽都没有。再让我试试磁铁，看能不能把铁屑分离出来。"

　　说着，他拿起磁铁在黑色粉末上来回移动，但是结果却和之前不一样，再也没有胡须状的铁屑吸附到磁铁的两极。

　　埃米尔继续耐着性子在黑色粉末上移动磁铁，最终失望地说："真奇怪，里面明明有很多铁屑呀，但不知道为什么没有一粒能被磁铁吸引。要不是我亲眼看见铁屑被放进瓶子里，我肯定会说里面没有铁屑。"

　　约尔也附和道："对啊！如果不是之前看见叔叔把铁屑和硫黄混合在一起放进瓶子里，我肯定也会说里面没有硫黄。但这堆粉末中确实有这两种物质，只不过现在消失得无影无踪了。在这用硫黄和铁屑制成的混合物中，竟然连一粒硫黄和铁屑都找不到，真是不可思议。"

　　保罗叔叔没有干预两个孩子的讨论，因为他认为观察和讨论也是学习的重要方式，会比从别人那里听来的有价值得多。

最后，两个孩子也没有想出分离硫黄和铁的方法，这时保罗叔叔才对他们进行了点拨。

趣味小知识：

地壳之下 100 ～ 150 千米处，有一个"液态区"，里面存在着高温、高压下含气体挥发成分的熔融状硅酸盐物质，也就是岩浆。岩浆一旦从地壳薄弱的地段冲出地表，就形成了火山。火山分为"活火山""死火山"和"休眠火山"。我国有七大火山带，即长白山—庐江火山带，福鼎—海南岛火山带，大兴安岭—太行山火山带，小兴安岭火山带，西昆仑山—可可西里山火山带，冈底斯山—腾冲火山带，台湾火山带。

"结婚"后的铁屑和硫黄

保罗叔叔说："好了，你们现在还想把铁屑和硫黄一粒粒地分离开吗？"

两个孩子回答："我们也没有办法了，因为粉末里根本找不到铁屑和硫黄的踪迹。"

"用磁铁试试呢？"

"也没有用啊，磁铁什么都没有吸起来。"

"用水试试呢？"

约尔说："估计也没有用吧。这些黑色粉末似乎是同一种东西，并无轻重之分。但是，试试也好。"

说着，约尔抓起一把黑色粉末放进一杯清水中，用小木条搅拌之后，黑色粉末沉到了杯底，一点要分离的迹象都没有。

保罗叔叔说："看样子用之前的方法是不可能把它们分离开了。而且，这些黑色物质的外观和性质已经完全变了，如果不是事先知道它是用什么合成的，你们绝对不会想到里面含有铁屑和硫黄。"

两个孩子也附和说："是啊，完全想不到里面含有铁屑和硫黄。"

保罗叔叔接着说："我刚才说过，这些黑色粉末的外观已经改变了。本来硫黄是黄色的，铁屑是银灰色的，但是混合之后看起来既不是黄色也不是银灰色，而是深黑色。同样，它的性质也改变了，本来硫黄易燃，燃烧后会产生蓝色火焰，还会散发出令人窒息的难闻臭气，但是这黑色粉末却不能燃烧；本来铁屑可以被磁铁吸起来，但是黑色粉末却不能被磁铁吸引。所以，我们可以得出以下结论：这种粉末既不是硫黄也不是铁屑，而是另一种性质截然不同的物质。

　　"还能把这种粉末称为铁屑和硫黄的混合物吗？当然不能，因为我们用简单的方法无法将这物质分离成两种成分了，而且它的性质与铁屑和硫黄的混合物完全不同。这种结合方式比我们'混合'得更为紧密，化学上称之为化合。

　　"当几种物质混合后，我们可以用简单的方法将它们分离开来。但是，当几种物质化合后，不能用简单的方法把它们分离开来。所以，我们可以说，两种或两种以上的物质化合后，就无法再用分拣的方法将它们分离开来了。换句话说，它们原本特有的性质已经消失，取而代之的是某种新的性质。

　　"你们还得注意，化合产生的物质的新性质并不能通过组成化合物的物质的性质来推断。如果不是之前研究过那个奇怪的现象，谁能想到黄色易燃的硫黄会变成不可燃的黑色粉末呢？也想不到有金属光泽能被磁铁吸引的铁屑，竟变成无法被磁铁吸引的深黑色粉末。若不是之前有些知识储备，简直无法判断。你们以后可能会经常见到物质的化合使物质发生根本变化：白的变成黑的，黑的变成白的；甜的变成苦的，苦的变成甜的；无毒的变成剧毒的，剧毒的变成无毒的。以后遇到两种或两种以上的物质化合时，需要特别注意它们产生的结果。

　　"另外，还有一点你们要特别注意。在化合反应进行时，比如铁屑和硫黄的反应中会产生高热，温度高到烫得人无法用手握住装混合物的瓶子。我想约尔一定对当时那个意外的灼热记忆犹新。关于这一点，我必须告诉你们，诸如此类温度的上升在化合反应中并不少见，并不是铁屑和硫黄化合反应的特殊现象。每当两种或两种以上物质化合时，都会产生热量，只不过有时热量小得令人难以察觉，必须用精密的仪器才能测量出来。多数情况下，温度会非常高，用手触摸会感到烫，反应非常剧烈时，甚至可以达到肉眼可见的赤热或白热。

"总之，物质化合时总伴有热量产生，只是放出的热量有多有少。反之，凡是发光或发热的反应，通常表示那儿正发生着化合反应。"

约尔打断说："保罗叔叔，我想问你一个问题，煤在煤炉里燃烧时，是不是也有不同的物质在发生化合反应？"

"当然是。"

"那么，这些物质中肯定有煤对不对？"

"对，其中一种是煤。"

"那么，另外一些是什么物质呢？"

"还有一种看不见但却真实存在于空气中的物质。我们后面会讲到这种物质。"

"在灶膛里燃烧并发出光和热的木柴呢？"

"灶膛里也发生着化合反应，一种物质是木柴，另外一种也是存在于空气中的物质。"

"照明的油灯和蜡烛也会发生化合反应吗？"

"对，也会发生化合反应。"

"那就是说，我们每次点火都会促成一种化合反应发生吗？"

"对啊，你引起了两种不同物质的化合反应。"

"化合反应真有趣！"

"不仅有趣，还非常有用。所以，我才告诉你们它是如何引起物质发生奇妙变化的。"

"你会把这些事情都告诉我们吗？"

"只要你们用心，我会告诉你们我知道的一切。"

"你放心吧，我们会很专心地听，并且一字不漏地记在心里。比起学习乘除法和动词搭配，我更喜欢学这门功课。埃米尔，你说是不是？"

埃米尔点点头说："就是啊，我希望一天到晚都能上这种课。总有一天我会抛下那些语法功课，去做一个人造火山。"

保罗叔叔告诫道："孩子们，不要因为你们对化学的热情而忽视语法课。化学固然有用，但语法的用处也不小。虽然动词搭配很难，但你们可不能忽视。现在，让我们回到化合反应的主题上来。

"如之前所说，化合反应常常伴有发热、发光、爆炸、火花飞溅、光芒四射——总之，像燃放烟花爆竹一样的现象，是两种物质化合时的常见现象。通过化合，两种物质紧密地结合在一起，我们可以把它们看成一场'化学婚姻'，热和光是庆祝它们婚礼的烟花爆竹和彩灯。你们不要觉得这个比喻好笑，实际上它是非常恰当的。化合反应真的就像结婚一样：都是将两者合为一体。

"现在，我必须告诉你们铁屑和硫黄'结婚'后变成了什么。我们不能称它为硫黄，因为它已不再是硫黄；也不能称它为铁屑，因为它也不再是铁屑了；更不能称它为铁屑和硫黄的混合物，因为最初的混合物现在已经不是混合物了。它在化学上被称为硫化亚铁（FeS），这个名字会让我们想起硫黄和铁两种物质是因为'化学婚姻'的关系而结合起来的。"

趣味小知识：

化合反应（combination reaction）指的是由两种或两种以上的物质反应生成一种新物质的反应。其中部分反应为氧化还原反应，部分反应为非氧化还原反应。植物的光合作用、细胞呼吸、燃烧、铁生锈都是生活中常见的化合反应。

第 2 章　面包和木炭

化学婚姻离婚难

孩子们成功地做出了一个小型人造火山——用湿泥堆出的小山丘温度越来越高，裂开了缝隙，喷出一股股水蒸气。他们还在闲暇时用各种方法来检验地洞中残余的硫化亚铁，结果表明，它们与保罗叔叔的实验所生成的是同一种物质。这时，保罗叔叔加入了进来。

保罗叔叔说："不用怀疑这个事实，残留在人造火山中的黑色粉末中确实含有铁屑和硫黄，因为你们不仅亲眼见证了它的化合反应过程，还亲自动手做了一遍。但是，新的问题又出现了：参与化合的铁屑和硫黄还能各自回到原来的样子吗？这么说吧，一切皆有可能，但不是随随便便就能实现的。要完成这种分离，我们必须运用科学的方法，这属于化学的范畴。鉴于你们对于化学知识只学了些皮毛，我就先不演示那些方法了。而且，就我们现阶段的学习来说，分不分离两种物质并不重要。既然这些黑色粉末中含有铁屑和硫黄，那么只要选用适当的方法，就一定能把它们分离出来。现在，你们只用好好记住这点就行了。"

约尔赞同地说："没错，只要处理得当，就一定能从黑色粉末中分离得到铁屑和硫黄的。"

埃米尔说："我的确还想看铁变回铁屑，硫变成硫黄粉末。"

保罗叔叔说："其实分离这两种物质并不难，只是实验所需要的药品你们都没有见过。如果现在就做实验，你们会比较难理解，看得莫名其妙。要想获得实在和持久的知识，有一个秘诀就是：缩小研究范围并仔细观察。"

"现在，我还要告诉你们，分解化合物通常不是一件容易的事。一旦在化学'婚姻'中出现发热和发光现象，就表示物质间的结合十分紧密，必须采用先进的科学方法才能将它们分离开来。

"事实上，结合越容易，分离往往越困难。如果化合反应是自发进行的，那么分离起来就更加困难了，比如我们看到的铁屑和硫黄的化合反应，时间短而且不需要借助外力。

"当然，也有恰好相反的例子，即化合起来非常难，几乎超越了我们能达到的极限，但分离却极其容易，可以说不费吹灰之力。有些物质只要受到高热、震动、摩擦、撞击，甚至仅仅是被吹一口气，就会从化合物中分离开来。这就像那些由于脾性不合而只想快点离婚的婚姻。"

埃米尔问："物质分离真的有那么容易吗？"

"当然是真的。只要你留心观察就会发现生活中常常发生这种事情。你想想擦火柴时，是不是火柴头比火柴梗燃烧得更猛烈呢？"

"我平时没有特别留意过，但是听叔叔一说，想想还确实是那样的。记得有一天晚上非常热，我摸黑找到一个火柴盒，里面装满了红头火柴，就在我想打开盒盖拿一根火柴时，可能因为推动盒盖产生了摩擦，火柴全都燃了起来，猛烈的火焰把我的手都灼伤了，但是火柴头烧完后，火柴梗一吹就灭了。这是不是跟物质的分离有关？"

"对，确实有关系！不管是哪种类型的火柴，火柴头中都含有易燃物质和助燃物质。其中助燃物质是不同的成分在化合反应下形成的，受热就会分离，从而起到帮助燃烧、让火焰更旺的作用。由此可见，这种情况的物质分离是多么容易啊。而炸药是一种更加容易分离的物质，枪弹中雷管的爆炸正是利用了这一性质：只要扣动扳机，让小铁锤打在雷管上，就会引燃雷管，然后点着弹壳中的火药，将铅丸发射出去。这种雷管的构造，通常是在杯型铜片的底部敷一层白色薄膜——它就是炸药，是几种成分化合而成的。只需轻微撞击，炸药就会发生爆炸，分离成各种成分。"

面包里的"木炭"

保罗叔叔接着说："现在我们来说说普通无害的东西吧。你们想一想，面包里面有些什么东西呢？"

埃米尔抢着说："面包里有面粉。"他对这个答案很自信。

保罗叔叔点点头说："没错，那面粉中又有什么东西呢？"

"面粉中有——呃——难道除了面粉还有别的吗？"

"如果我说面粉中含有木炭，你们会相信吗？"

"什么？面粉中怎么会有木炭呢？"

"是的，你们没有听错，面粉中确实含有很多木炭。"

"叔叔，你是不是在跟我们开玩笑？木炭不能吃啊。"

"哈哈，你们先别着急怀疑我的话。我不是说过，化合反应可以把黑的变成白的，把酸的变成甜的，把有毒的变成无毒的吗？而且，我会给你们展示面包中含有木炭的证据。其实这样的证据根本就用不着看，因为你们已经看过千百次了。回忆一下：你们烤过面包片吗？"

"当然，烤过的面包吃起来更松脆更美味。"

"你们有没有出现过忘记正在烘烤面包的情况，就让它一直烤着，时间长了会怎么样呢？凭你们的记忆告诉我答案。对于这个问题，我不发表任何意见。如果面包在炉子上放的时间超过1小时，会发生什么事呢？"保罗叔叔问道。

"答案很简单，我曾遇到过很多次，面包被烤焦，成了木炭了。"

"那么，你们能告诉我这些木炭是哪儿来的吗？是从烤箱里面来的吗？"

"肯定不是！"

"那就来自面包本身喽？"

"对！一定是来自面包本身。"

"如果物质中本来就没有这种成分，是不可能凭空造出这种成分来的。所以，面包烤久了会产生木炭，一定是因为面包本身就含有木炭，也就是碳。"

"原来如此，我怎么就没想到呢。"

"还有很多其他常见的东西，因为缺乏指导，所以一开始你们也并不在意。以后我尽量从日常生活中挖掘出它们，让你们领悟其中一些重要的化学原理。比如现在，我一说完，你们就知道了面包里含有很多的碳。"

约尔说："我承认面包中确实有碳，证据就摆在眼前，无法否认。我的问题是，就像埃米尔说的，木炭不能吃，面包却能吃，木炭是黑色的，而面包是白色的，这到底是怎么回事儿呢？"

保罗叔叔回答道："单独存在的木炭或碳，是黑色的，而且不能吃。但是，面包中的碳不是单独存在的，而是与其他物质产生了化合反应，它失去了原来的性质，就像硫化亚铁不再具备铁和硫的性质一样。而烤焦的面包，大量的热量赶走了面包中的其他物质，最后只剩下木炭以及木炭的性质——颜色深黑、质地松脆、味道浓烈。烤箱里的热破坏了化合作用，把面包中已经结合的物质分离开来，这就是面包烤久了变成木炭的原因。现在让我们再想一下，还有哪些东西会伴随碳在面包中存在吧。这些东西，你们听说过也见过，并且当它们被热量赶出来的时候，你们还闻过它们难闻的气味。"

约尔说："我不太明白，你说的是当面包变成木炭时所散发出的那种气味难闻的烟雾吗？"

"是的，说的就是它。这种烟雾是从面包中分离出来的，如果把木炭和这种烟雾再次化合，就可以生成和受热分解前的面包一样的东西。其中，热是分离的主要动力，它将面包中的某种成分驱赶了出去，只剩下不能吃的黑色物质，也就是木炭。"

"只有这种难闻的烟雾和木炭结合才能化合为面包吗？可是这两种物质单独存在的时候都不能吃，化合以后却变得能吃了？"

"正是如此。原本不能吃的，甚至有害的物质，经过化合后可以变成美食。"

"保罗叔叔，我当然相信你说的，但是……但是……"

"我明白你的'但是'，第一次听到这些事情的确难以置信，因为这与我们固有的知识差异太大了。因此，我并不希望你们对我所说的深信不疑，你们可以自己想办法来证实这些话。其实，我一开始就用简单明了的实验证明了这些令人难以置信的事情。想想我们之前在广口瓶里生成的黑色物质，既然硫已不再是硫，铁也不再是铁。那么木炭和烟雾化合后失去本来性质而变成面包，也不足为奇了。"

"保罗叔叔，我们相信你说的话。"

"有时候你们可以对我的话深信不疑，比如当某个现象的解释极为深奥难懂，就算做出详细的解释你们也不一定能真正理解的时候。不过，我尽量避免直接向你们灌输信条，而是鼓励你们自己去发现、观察、判断。我希望你们了解真理，找出证据。关于面包受热而分离出的成分，我已经告诉你们有木炭，还提醒你们注意某种特殊气味或烟雾。现在，你们的推论是什么？"

"能确定的是，面包中含有化合了的木炭和烟雾。"

"是的，虽然结论看起来难以置信，但我们必须相信事实。既然事实证明面包受热可以分离出木炭和某种气体，那么就让我们牢记这个真相。"

约尔说："我还有一个问题不太明白，既然面包受热分离出木炭和某种气体，如果两者化合会重新变回面包，难道火没有把面包消灭吗？"

"那要看你如何理解'消灭'这个词的意思了。如果你指的是面包受热分离后不再是面包，这的确没错：因为木炭和气体已经不再是面包了，只算是组成面包的成分。但如果你认为面包受热后化为乌有，那就大错特错了。因为没有任何力量或方法可以完全消灭世上的物质。"

"我理解的'消灭'就是化为乌有了，不是经常说火能消灭一切吗？"约尔说。

> **趣味小知识：**
>
> 可燃物、足够高的温度、氧化剂三项并存才能生火，缺一不可。根据质量守恒定律，火不会使燃烧物的原子消失，只是通过化学反应改变了燃烧物的分子形态。火是影响全球生态系统的重要因素之一，火可以用来生热、照明、传递信号等。火也有负面影响，比如造成全球温度升高的温室效应，其形成原因之一就是化石燃料燃烧产生的二氧化碳增多。

一切物质都是守恒的

整个宇宙中，哪怕是最小的一粒尘埃、最细的一根蛛丝，都不会因任何外力作用而消失，它们只会转变形态而继续存在。

"下面的问题很重要，你们一定要认真思考。假设我们要建造一栋很华丽的房子，开始建造时，建筑工人需要把无数的材料如砖块、瓦片、三合土、横梁、木板、水泥等一一准备好。房子建成后，屹然挺立，似乎坚不可摧。但这样的房子真的不能被毁坏吗？事实上，毁坏这栋房子太容易了！只要请几个工人，让他们拿上铁锤、撬棍等工具，很快就能把房子拆成一堆废墟。就房子本身而言，这算是被完全毁坏了。

"但是，这就意味着房子被完全消灭、化为乌有了吗？当然不是。房子虽然被毁了，但拆下来的无数的石头、砖块、木材等建筑材料依然存在，丝毫没有减少。就连混合在三合土中的细砂粒也一定存在于某处。拆除房子的时候，有些泥灰可能被风吹走了，但无论这些细小的泥灰被风吹得多远，也还是存在于这个世界上的。就房子的全部组成来看，一粒尘土都没有被消灭。

"火虽然是破坏者，但也仅此而已。火可以破坏用各种材料建造的建筑，却不能把材料消灭，哪怕是最小的微粒、最小的尘埃。我们用火烤面包时，火同样起到破坏作用，然而面包中剩下的物质还是面包中本来含有的物质，不会有物质因面包经过了火的作用而消失。最后，面包变成了木炭和烟雾，木炭以固体形态留了下来，所以我们看得见；而烟雾早已消散，无迹可寻了。所以，你们应该永远抛弃'消灭'这一错误的观念。"

"可是——"

"可是什么？约尔你还有什么疑问？"

"如果直接用火烧木头，最后木头被烧成灰烬，是否可以认为木头几乎被消灭了？"

"这个问题问得好，说明约尔观察入微。我刚刚说了，拆房子时会有些泥灰被风吹散。假如我们把所有的材料都捣成粉末，几阵大风刮过后，这些粉末还会剩下多少？"

"估计会被吹得一点都不剩吧。"

"那么，我们是否可以说房子被消灭了呢？"

"不能，它只是变成尘埃四处飘散。"

"所以，火烧木头的问题也是同样的道理：火将木头分离成组成它的几种物质，有些甚至比最细微的尘埃还要小，它们飘散在空气中，我们无法用肉眼看到。当我们只看到一堆灰烬时，便以为组成木头的其他物质已经被消灭了，这是不对的。因为，它们仍然存在，只是飘浮在空气中，用肉眼看不出来而已。"

"所以，被火烧过的木头大部分变成了看不见的尘埃，飘散在空气中？"

"是的，孩子们。"

"我明白了。如你所说，木头燃烧后的大部分物质都被带走了，不容易被我们看见，就像拆房子时被风吹散的泥灰一样。"

"不仅如此，从一栋房子上拆下来的材料，可以用在别处建造另一栋风格迥异的房子。这样，一堆建筑材料又可以重新变回一栋完整的新房子。进一步说，除了造房子，这些材料也可以用来建造别的东西，石料、砖块、木材都不止一种用途。所以，利用拆下来的建筑材料，可以造出形状、用途、风格各异的东西。

"世界上物质的各种变化大致如此。比如，两种或者两种以上性质不同的物质化合在一起时，形成一种具有新性质的东西，我们可以把它看作一种建筑。这种建筑与任何组成它的物质都不相同，正如我们建造好的房子，既不等于木石砖瓦，也不等于任何其他建筑材料。

"后来，组成这些化合物的物质由于某种原因又分离开来，即化合物的化学结构被破坏了，但分离出来的物质并没有损失，依然存在。大自然将如何处置它们呢？它们也许会被充分利用，一些材料被用作这种用途，另一些材料又被用作另一种用途，形成了各种各样与原来的物质完全不同的东西。原来能组成某种黑色物质的东西，可能会变成某种白色物质的组成成分；原来能组成某种酸的物质的东西，可能会变成某甜的物质的组成成分；甚至原来能与别的物质结合成毒药的成分，可能会出现在某种食物中——正如原本用来建造水渠的砖块可能会被用来建造烟囱一样。

"所以，一切物质都是守恒的。

"虽然好多物质从表面上看是消失了，但表象往往具有欺骗性。只要仔细观察并认真思考，就能理解物质不灭的道理。物质会参与无数次的化合，不断地化合了分离、分离了又化合，甚至某些物质时时刻刻都在经历摧毁和重建，周而复始，永不停歇。对整个宇宙而言，物质没有丝毫的增减。"

第 3 章　单质和化合物

不能再"变身"的单质

"现在，让我们继续了解这些黑色粉末——硫化亚铁吧。化学家们利用一种比普通挑拣方法更复杂的化学工艺，把硫化亚铁分解成单独的铁和硫黄。面包被火烘烤后，其最主要的成分——碳，被分离了出来。那么，铁、硫、碳又分别是由什么成分组成的呢？对于这个问题，科学家们耗费了很多心血来研究，设计出各种需要用到精密仪器的实验。但是，无论科学家们怎样尝试，铁、硫、碳还是铁、硫、碳，都不会变成任何别的物质。"

约尔反对说："我觉得从硫中可以分离出新的物质。拿一些硫黄放在火上，它会燃烧，出现蓝色的火焰，并且产生难闻的气体。这种气体一定是从硫黄中分离出来的，但是它的性质跟硫黄完全不同，因为它有些呛人，而硫黄即使放在鼻子下也闻不到呛人的气味。"

"你们可能没理解我的意思，我说的是另一种情况。我说硫不会产生什么新的物质，意思是硫不能被分解成其他物质，而不是说硫不能和别的物质化合。实际上，硫可以和别的物质化合，会生成呛人的气体和其他许多物质，比如你们现在非常了解的黑色粉末——硫化亚铁。每一种物质在燃烧的时候，都会和周围空气中一种我们看不见的物质化合。硫黄在燃烧时产生了蓝色火焰，这就表示它已经和空气中的物质进行化合了，产生的呛人的气体就是它们化合的结果。"

"那种气体的组成比硫黄更复杂吗？"

"是的。"

"那种气体一定是由两种物质组成的，一种是硫，另一种就是你告诉我们的包含在空气中的物质。而硫黄就只有硫这一种成分。"

"没错，无论经过怎样的实验处理，硫黄都不会被分解。硫黄可以和别的物质结合成比自身更复杂的物质，却不能分解成比自身更简单的物质。所以，硫黄被称为'单质'，也就是说它已经分解到不能再分解了。水、空气、一块石头、一截木头、一株植物、一只动物，它们都是物质，但都不是单质，还可以再分解。一定要记住这些。

"铁和碳与硫黄一样，都是单质。因为它们除了和其他物质结合成更复杂的物质之外，不能再分解为更简单的物质了。

"化学家检测了自然界中的一切物质，无论是地上、地下、水底还是天空中的，无论是动物、植物还是矿物，经过检验、研究、分析，最终发现了九十种不可分解的元素①，这其中就包括我们刚刚说过的铁、硫和碳。"

"你能把所有的单质都告诉我们吗？"埃米尔问。

"当然不会，我只会告诉你们一些重要的单质，因为大部分单质与我们的日常生活关系不大。而且，除了铁、硫和碳这三种单质外，你们其实已经知道了很多其他单质。"

"真的吗？我也知道很多其他单质吗？"埃米尔惊讶地说。

"当然，只是在这之前你们还不知道它们是不能分解的单质。事实上，你们大脑中储备的知识远超过你们的想象。而我现在要做的，是帮你们厘清脑海中杂乱的知识，就是给知识分类。我会让你们自己去想起那些已经存在于你们脑海的知识，而不是直接灌输给你们。不过，我可以给你们一个提示：所有的金属都是单质。"

"我懂了，金、银、铜、铅、锡……可能还有一些我忘了的，它们都是和铁一样的单质。"

"埃米尔你是不是还遗漏了一种极为常见的金属？再仔细想想，印刷时用到的图版往往是用它制成的。"

"印刷用的图版？是锌吗？"

"对，除了这些还有很多其他的金属，其中有一些金属的性质很奇特，

---

① 在作者写作本书的时代，科学家们只发现了九十多种元素。如今，科学家们已发现了118种天然元素及人造元素。——译者

但它们不常用。以后有机会，我再和你们细说。现在，我们先讨论这样一种
金属——它可以流动，像熔化了的锡，银色，常被装在温度计的玻璃管中，
高度会随着温度的变化而变化。"

"我知道了，是水银！"

"完全正确！它的学名叫汞（Hg）。水银这个名字容易让人误解，虽
然它的颜色与银相似，但是它没有银的特性。"

"这么说，水银和金、银、铜、铁一样，也是一种金属了？"

"对，但是和其他金属相比它有一点不同：只要温度正常，就算是在寒
冷的冬季，水银仍然可以保持液态。但是，想要熔化铅必须用高热的炭火；
熔化铜、铁，就需要用最热的炉火。不过，如果将水银冷却到一定温度，它
也会变得像真的银那么硬。"

"那它可以用来做钱币吗？"

"理论上来说，是可以的。只是这种钱币，恐怕一放进口袋里就立刻熔
化了，而且到处流动。

"金属的颜色都相差不多：银和水银都是白色的，锡的颜色稍浅一些，
铅的颜色更浅；金是黄色的，铜是红色的，铁和锌是灰白色的。所有的金属
都闪耀着光泽，尤其是当它们被擦亮的时候。换句话说，它们自带金属光泽。
提醒你们一点，金属都有光泽，但有光泽的并不一定都是金属。比如有些甲
虫的鞘翅表面有光泽，看起来像抛光的金属一样，但事实上那些只是角上的
鳞屑；还有某些具有金属光泽的石头，可能会被误以为里面含有金属，但其
实跟金属一点关系也没有。

"然而有一些单质，比如硫和碳，都是没有金属光泽的；还有很多非常
重要的单质，它们具有和空气一样微妙的特性，无色透明，是看不见的。这
些不属于金属的单质叫作非金属单质。硫和碳就属于非金属单质。非金属单
质的数量并不多，一共才 22 种。其中有几种单质虽然不被人们熟知，但在
化学中却扮演着非常重要的角色。我们周围的一切东西，绝大部分都是以非
金属单质为主要原料构成的。自然界需要非金属，就像建筑需要砖石水泥一
样。在这些重要的非金属单质中，有一种气体，如果没有它我们会立刻死亡，
但也许你们从来没有听到别人提起过它，就是氧气（Oxygen）。"

"我从来没有听说过这个奇怪的名字！"埃米尔叫道。

"那氢气（Hydrogen）和氮气（Nitrogen）你们听说过吗？"

"这两种也没听说过。"

"我就知道你们没有听说过。这两种也是很有用的非金属单质，它们默默地履行着自己的职责，而不被大家注意。

"尽管氧、氢、氮这三种物质非常重要，但是都没有引起人们的广泛关注。因为它们都是无色透明的气体，而且常常隐藏在某些化合物中，只有借助先进的技术才能检测到它们的存在。因此，很多时候这些在自然界中扮演重要角色的物质都被我们忽略了。"

"它们真的那么重要吗？"

"是的，非常重要！"

"比黄金还重要吗？"

"孩子们，不能这么比较。黄金对人类来说无疑是非常重要的，它是财富的象征，代表着劳动力和物品的价值，可以被铸成货币，在商品交易中流通。假如所有的黄金都从地球上消失了呢？其实并没有什么特别的后果。银行和商业可能会出现一点小混乱，仅此而已。过不了多久，世界就会像从前一样运转。假设刚才提到的三种非金属单质中的任何一种——比如氧——全都消失了呢？地球上所有的生物会立刻死亡，从动物到植物无一例外，没有了生命的地球只剩下一片死寂。这种情形，与银行运转不畅或者无法有序进行商业活动相比，将会是更严重的灾难。

"所以，对人类而言，黄金只是扮演着无关紧要的角色，即使黄金消失人类仍然可以生存，也不会影响自然规律。而氧、氢和氮对于世界却非常重要，无论少了其中哪一种都会让自然界陷入混乱，生命无法继续。除这三种之外，碳也同样重要。氧、氢、氮、碳是生命中必不可少的四种物质。"

约尔说："叔叔给我们讲讲氧、氢、氮这三种物质的性质吧。"

"好的，我给你们讲一讲。不过，为了让你们更深刻地理解单质这个概念，我先给你们介绍另一种非金属单质。这种物质你们可以在火柴头上看到，上面覆盖着一层硫，通过摩擦可以燃烧。如果在没有灯光的房间里用手指摩擦它，能看到它发出柔和的光。"

"那一定是磷。"

"对，是磷。磷也是一种非金属单质。现在，我们就回顾一下前面所说的知识吧！

"自然界中的单质仅以外观区分，分为金属单质和非金属单质两类。

"金属单质具有金属光泽，金（Au）、银（Ag）、铜（Cu）、铁（Fe）、锡（Sn）、铅（Pb）、锌（Zn）、汞（Hg），这 8 种你们已经知道了，还有几种金属也有必要知道，后面我再告诉你们。

"非金属单质没有金属光泽，而且种类少。氧（O）、氢（H）、氮（N）、碳（C）、硫（S）、磷（P）是 6 种最重要的非金属单质，其中前三者是无色透明的气体。"

不能被分解的元素

"无论是金属单质还是非金属单质，都称为'元素'。元素是自然界中的最基础的物质，不能被分解。"

"但是，保罗叔叔，"约尔插嘴说，"我在一本书上看到过，自然界中只有空气、水、火、土四种元素啊。"

"那本书可能重复了古时候人们的错误观念。的确，古时候科学技术有限，人们相信自然中的一切都可以追溯到空气、水、火、土，认为它们是四种不可分解的物质，所有的东西都由这四种物质组成。随着科学的进步，现代研究表明，这四种物质没有一种是真单质。

"首先，火，也可以说是热量，不完全是一种实体物质，而单质都是物质，因此我们不能认为火是单质。其次，所有的物质都是可以被衡量的，我们可以说 1 立方米的氧气，1 千克的硫，但无法说 1 立方米的热量，1 千克的暖，这听起来不合逻辑。就像用秤来称量小提琴奏出的音符一样，荒谬可笑。"

约尔听完笑着说："哈哈哈……1 千克 F 调高半音或者 1 克 E 调低半音，听起来就很滑稽。"

"因为音调不是物质，它只是声波持续从发声物体传输到耳朵里的运动过程，所以不能用秤来称。热量也是一样的，是一种特别的形式。这是一个有趣的论题，要用到物理知识，还要花很长的时间才能合理地解释这个问题。

在这里我只能简单地说，热量不是元素，因为它不是物质。

"然而，说到空气，它是另一种物质。空气是可以衡量的，你们以前可能没有听说过测空气的质量和体积，等你们以后学过物理后就会知道更多关于空气的知识。虽然空气是物质，但空气不是单质，它是由好几种完全不同的物质构成的，其中最多的是氮气和氧气。以后我会做实验向你们证明这一点。

"水也不是单质，等到适当的时候，我可以向你们证明，水是由氧和氢组成的化合物。

"至于土，很明显，它是指构成地球固体部分的各种物质，如沙、黏土、砾石、鹅卵石、岩石等。因此，土也不是一种单质，而是各种物质的混合物。我们几乎可以从土中得到所有的金属单质和各种非金属单质。事实上，所有的单质都可以从土中获得。所以，用现代科学眼光来看，古代人所说的四种元素，没有一种可以算单质。"

无处不在的碳元素

"只要有砖石水泥等各种材料，建筑工人就可以随意建造出住宅、桥梁、工厂、马房、城堡、宫殿等一切建筑。虽然这些建筑用了相同的材料，但是它们风格迥异，用途也不尽相同。同样的道理，大自然用各种元素创造了植物界、动物界、矿物界中的所有物质。因此，我们所知道的任何事物——只要它原来不是单质——都可以分解为金属单质、非金属单质或金属和非金属单质的化合物。"

"这么说，一切物质都是由单质构成的了？"孩子们问道。

"是的，但本身就是单质的物质除外。比如我们常见到的碳元素，我之前说过碳是面包的重要组成成分，木炭中也可以看到碳，也就是说木头中也含有碳。面包中的碳和木头中的碳本来是同一种物质，历经自然界中的反复化合后，面包中的碳可以重新出现在木柴中，木柴中的碳也可以重新出现在面包中。"

"如果是这样的话，我们吃面包的时候其实是在吃可能会变成木头的东西了？"埃米尔开玩笑说。

保罗叔叔说："很有可能你的笑话中就包含着真理。让我们来想想其中的原因吧。"

"保罗叔叔，我不想再说了！你的单质已经让我晕头转向了。"

"不要担心，虽然探求真理的过程有时候就像强烈的阳光使人眩晕，会让你暂时感到困惑，但是只要我们一直研究下去，你会逐渐明白一切的。你们再想一想，梨、苹果或者栗子里面是不是也含有碳呢？"

约尔说："有的，炒栗子的时候如果时间太长会把栗子炒焦，把苹果、梨放在火上烤也会被烤焦。"

"对！这些焦了的栗子、苹果或梨，其实和木柴、面包中的碳成分一样，所以说我们吃的食物很可能会变成木头哦。你们现在明白了吗？"

埃米尔开心地说："我已经非常明白啦！"

"你们马上就会更明白了。想象一下，点燃一盏煤油灯，然后拿一个玻璃罩罩在火焰上方，玻璃罩上是不是会立即附着一层黑色物质？"

"是的，那是烟炱。看日食的时候，我就是用这种方法把玻璃熏黑的。"

"那你知道烟炱是什么物质吗？"

"很像炭灰？"

"它实际上就是木炭，或者说碳。你们知道它是从哪儿来的吗？"

"从油灯中的煤油里来的吧。"

"没错，它就是从煤油里来的，是煤油因受热分解，分离出了碳。实际上，椰子油、棕榈油、羊油、牛油中都含有碳，蜡烛燃烧时也会产生烟炱，还有树脂中也含有碳，所以燃烧时会冒出黑色的浓烟。还有很多含有碳的物质，一一列举是不可能的。不过，最后我想说说餐桌上常见的肉，如果厨师不小心把肉煎得太久会怎样呢？"

埃米尔大声说："就会变成木炭。"

"咦？你有什么根据？"保罗叔叔问道。

"肉里面含有碳，因为碳无处不在。"

"说碳无处不在有点不严谨，但是含碳的物质确实很多，特别是动植物中。它们都能被火分解，留下含碳的灰烬。"

"白纸燃烧后会留下黑色的灰烬，所以纸中也含有碳？"

"对。纸是用破布造出来的，而破布又是用亚麻或棉花织成的。"

约尔问："那比纸更白的牛奶中，是不是也含有碳？因为煮牛奶的时候，我看见过锅边的牛奶泡沫都变成了黑色。"

"是的，牛奶中确实也含有碳。好了，我们到此为止，不用再举更多的例子了。现在，我们让埃米尔来讲讲他最近读过的那则寓言吧。"

"寓言？哪一个？"

"就是关于雕刻家和丘比特石像的那一则。"

"原来是那个呀，我知道了。

"有一个雕刻家在集市上看到一块外形特别好看的云石，心里很是喜欢，就买了下来。他盘算着：把它雕刻成什么好呢，是神像、案几还是石盘？最后，雕刻家决定雕一个庄严肃穆的神像……"

埃米尔刚说到这里，保罗叔叔就打断他说："就先讲到这里吧。听到这里，我们知道雕刻一块云石可以有很多种选择，但雕刻家最后决定雕刻成神像。自然界中的万物生成也是一样的。比如，土壤中含有植物所需要的碳，如果我们想种点什么，既可以种萝卜、麦子，也可以种玫瑰。我们最后决定种一株玫瑰，那么玫瑰就会从土壤中汲取碳，让碳成为它的一部分。当然，就算不种玫瑰，种的是胡萝卜、麦子，同样也会从土壤中汲取碳，让碳变成它们的一部分。"

埃米尔问："玫瑰中除了碳是不是还有别的物质？"

"当然，碳需要同别的单质化合才能变成玫瑰花，否则碳只是碳而已。刚刚提到的其他含碳化合物也是如此。"

约尔总结说："总之，在面包、牛奶、牛油、羊油、煤油、果实、花朵、棉、麻、纸张以及许许多多东西中，都含有碳和其他各种元素。这些元素的性质永远不会改变，永远是同一种金属单质或非金属单质。我们的身体是不是也由这些物质构成呢？"

我们身体中的铁

"其实，组成身体的成分和组成其他物质的成分一样，同样是金属单质和非金属单质。"

埃米尔诧异地说："什么！我们的身体里竟然有金属？像矿藏一样？我们又不像街头艺人一样吞铁剑，我不相信！"

"但我们的身体中确实含有铁元素——就像街头艺人吞下的铁剑一样。而且我们的身体中不能缺少铁，如果没有铁简直无法生存。而且，正是铁让我们的血液变成了红色。"

"就算铁能让我们的血液变成红色，我们也不能把铁当饭吃啊。街头艺人吞下铁剑，其实只是玩把戏，并没有真吞。我们身体里的铁到底是从哪里来的呢？"

"身体中的铁是通过食物获取的，还有身体所需要的碳、硫以及其他元素，都是从含有这些元素的食物中得到的。有的元素会与其他元素化合而改变形式，比如碳、铁。像你们正处在长身体的阶段，如果出现脸色苍白、营养不良，医生通常会开铁剂给你们服用，这样可以补充少量铁质。虽然不是真吞铁剑，但的确是吃铁。"

埃米尔说："我现在信了，是不是我想吃多少金属元素就可以吃多少？"

"听我说完，人的身体可不是矿藏，人体所需要的金属元素，算上铁也只限于几种，比如铅、铜、金、银等，都不是人体和动植物需要的金属，而且铅和汞是有毒的，如果身体中的铅或汞过量就会危及生命。至于铁，只需要极微量就足以使血液变红，并具备一些其他特性。实际上，一头牛全身血液中含有的铁连做一颗钉子都不够。另外，想把血液中的铁提炼出来做成一颗钉子，虽然花费会非常巨大，而且需要极大的工作量，但这是可以办到的。

> **趣味小知识：**
> 我们身体中的铁元素是血红蛋白的重要组成部分，而血红蛋白的功能是向细胞输送氧气，并将二氧化碳带出细胞。食物中的铁分为血红素铁和非血红素铁。动物肝脏、动物血、红肉中的铁主要是血红素铁，可直接被吸收，吸收率高。

无限变化的化合物

"现在你们已经明白单质可以通过各种方式化合，生成性质各异的其他物质。这种由两种或两种以上元素组成的物质就叫化合物。水是化合物，面粉、木头、纸、煤油都是化合物，总之数量太多，无法一一列举。氧和氢组成了水，很快我们就将认识氢、氧两种元素。其余的几种化合物除了含氢和氧外，还含有大量碳元素。

"可以说，化合物的数量是无限的。然而，许许多多化合物都是由若干种元素组成的，有的元素作用很小，即使没有它们，也不会对整个物质世界造成重大影响，黄金就是其中的一个例子。严格来说，大自然中的大多数物质是由十几种元素构成的。"

约尔追问道："但是我还有个疑问：自然界中物质的种类是无限的，但是为什么组成这些物质的元素只有那么多呢？我更想不明白的是，为什么仅十几种元素就构成了这无数种物质中的大多数？"

"我就猜到你们会有这样的疑惑，这正是我接下来要说的。举一个例子吧，我们都知道字母表中只有 26 个字母，可是这 26 个字母能组成多少单词呢？"

"很多吧，就算最薄的词典也得有 1 万多个单词吧。"

"那好，我们就假设 1 万个单词吧。我还得提醒你们，这 1 万个单词只是我们自己国家的文字。事实上，无论是过去、现在还是未来，这些字母可以写成世界上各个国家的文字，拉丁文、英文、西班牙文、意大利文、德文、丹麦文、瑞典文等，都是由这 26 个字母拼成的，即便是希腊文、印度文、阿拉伯文以及一些方言土语，也可以由这些字母拼成。如果将所有文字中的单词都加起来，你们能想象出这是一个多么庞大的数字吗？"

约尔说："那就不是几万，而是上百万了吧。"

"接着想，如果我们把这 26 个字母看成 26 种元素，用它们组成的单词代表化合物。每个单词可以由两个、三个、四个或者更多的字母组合而成，组合顺序也可以多种多样，而且每个单词都有自己的意思，各不相同。同理，几种元素按照不同的方式可以组成不同的化合物。"

约尔又说："那么，元素是组成化合物的成分，就像字母是组成单词的成分一样。"

"是的，正如你所说。"

"这么说来，化合物的种类就和世界上所有语言的单词总和一样多了。不过我总觉得字母组成的单词会更多一些。因为字母有 26 个，而你刚才告诉我们大多数化合物是由十几种元素组成的。字母的组合应该比元素多。"

"在发音相同的情况下，字母的组合数可以大大减少。你们想想，k、q、c 在我们的语言中有什么不同？没有不同，只需要一个字母就够了，其余两个则不必要。同样，柔音 c 和尖音 s 相同，x 和 ks 相同，y 和 i 相同。即使我们把发音重复的字母都去掉，仍然可以组成很多不同的单词。但是我们得承认，就算排除这些字母后，剩下的字母组成的单词还是会比元素组成的大部分化合物多。然而就组合方式而言，元素的组合方式并不比字母的组合方式少。

"我们写一个单词，通常会用到好几个字母，比如这个又长又难记的单词'floccinaucinihilipilification'，必须深吸一口气才能读完，这个词由 29 个字母组成，但里面有字母是重复的，不重复的字母只有 12 个。组成化合物不需要这么多元素，常见的化合物只含有两三种元素，含有四种元素的化合物都比较少见。你们只需想想仅由两三种或四种字母组成的单词，就能大致明白化学元素相互结合生成化合物的概念了。比如硫化亚铁由两种元素组成，如果拿单词打比方的话，硫化亚铁就是由两种字母组成的单词。水也是由两种元素组成的。油中含有三种元素。动物的肉中含有四种元素。含有两种元素的化合物，通常被称为'二元化合物'，含有三种或四种元素的则被称为'三元化合物'或'四元化合物'。

"你们可能还在想，既然化合物一般由 2～4 种元素组成，那它们是怎么产生那么多变化的呢？我们以 rain 这个词为例来解释。如果将 rain 中的首字母 r 替换成别的词，可能会得到 gain、lain、vain、wain、pain 等常用词。同样，单词 fin 也可以变成 tin、din 和 sin，只是改变了单词中的一个字母，就改变了整个词的意思。化合物的变化也是同样的道理，只需用另一种元素来替换其中一种元素，就会得到新的化合物。

"还有一种可以让化合物产生更多组合形式的变化。正如在一个词中，同样的单词可以多次重复出现（如 floccinaucinihilipilification 中的 i），化合物中的同一种元素也可以重复出现两次、三次、四次、五次甚至更多次，而且每次重复都会产生一种新的化合物。但是，在字典中很难找到这样的例子，因为在一个较短的单词中同一个字母很少出现很多次。如果有 ba、bba、bbba、bbbba 这样的只含有 b 和 a 两个字母的单词，且只要增加其中的一个字母，就能变成新的单词，这就和化合物的变化非常接近了。"

不要被 ba 和 bba 蒙骗

约尔说："如果化合物按照这种方式组合，形成的种类一定非常多——一种元素变化，一种元素重复，都会产生新的化合物。"

"埃米尔，你觉得呢？"保罗叔叔问。

"我同意约尔说的，化合物的变化比我想象的要多得多，但是 bba 和 ba 为什么不一样，我实在想不明白。"

"我再给你们举个例子解释好吗？"

"太好了，我们正想见识一下呢。是不是，约尔？"

"现在就满足你们的求知欲。"

说着，保罗叔叔拿出一种金黄色、看起来很重的东西，在太阳下发出金灿灿的光，让人一看就以为是金属。

埃米尔一看到这华丽的东西，就惊叹道："哇，好像一块大金砖！"

保罗叔叔说："这叫'愚人金'，看着金灿灿的，但是不值钱，在山上的岩石中可以找到很多。它的学名叫作黄铁矿，如果用刀背敲击它，会产生明亮的火花，比敲击燧石产生的火花更明亮。"

说着，保罗叔叔拿起小刀演示给他们看。然后他继续说："愚人金虽然看着很像黄金，但其实一点黄金也不含，也不是某种单质，而是两种单质的化合物，这两种单质你们也熟悉——铁和硫。"

埃米尔惊讶地说："想不到铁和硫竟然能化合成这么好看的东西，那它和人造火山中又黑又丑的黑色粉末还一样吗？"

"是的，它的确是由铁和硫化合而成的。"

"那为什么和黑色粉末相差那么大？"

"原因就在于愚人金中有重复的硫。"

"也就是 ba 变成了 bba 吗？"

"没错！就是这样。为了表明硫的重复，在化学上人们把愚人金称为二硫化亚铁，把黑色粉末称为一硫化亚铁。"

"原来如此。谢谢保罗叔叔让我们看到这块金灿灿的石头，它让我记住了 ba 和 bba 在化学上是完全不同的两种化合物。"

第 4 章　呼吸实验

来抓一些空气吧

　　埃米尔和约尔经常一起讨论愚人金，他们对它闪耀的光泽印象深刻。保罗叔叔见他们喜欢，就把愚人金送给了他们。孩子们喜欢在黑暗中用钢制的小刀敲打愚人金，开心地看着它迸发出明亮的火花。而且，在保罗叔叔的指导下，他们还去附近的山上找到更多这样的矿石。现在，约尔的橱柜中已经摆满了不同大小、不同光泽的黄铁矿。有金黄色的，表面光滑得好像被打磨过一样；有些形状很不规则，呈铁灰色。保罗叔叔告诉他们："黄色的那些是结晶体。大部分物质在适宜条件下会形成规则的形状，按照几何规则排列出光滑的面。"

　　保罗叔叔还说："有机会的话，我们以后再谈论这个问题。因为你们的大脑还需要通过训练来记忆一些概念，所以这么长时间以来我们只停留在用零散的事实来支持我们的判断的层面。现在，你们已经有了一定的基础，因此我们将学一些真正的化学。我们可以先尝试做几个化学实验，然后你们要自己通过观察、触摸、品尝、闻嗅来学习知识。"

　　"这样的实验会很多吗？"孩子们充满渴望地问。

　　"有很多化学实验，只要你们喜欢，想做多少就有多少。"

　　"那太好了！我们对做实验永远不会厌烦。那可以自己动手做吗？就像上次那个人造火山实验一样。要是能让我们自己做，就更有趣了。"

　　"一些没有危险的实验，你们当然可以自己动手做，而那些有危险的实验，我会提前告诉你们注意事项。约尔做事比较谨慎，就委派约尔当我们这个实验小组的组长吧。"

约尔听到叔叔的夸奖，不由得脸颊微微发红。

保罗叔叔接着说："现在，我们要来了解一种很重要的物质——空气。它构成了地球周围的大气层，厚度有 45 英里^①。空气是一种有着奇妙特性的物质，它是看不见也摸不到的。很多人乍一听都无法相信空气是物质：'什么？它有重量吗？'是的，空气是物质，而且有重量。空气的重量需要借助精密的仪器，通过物理方法来测量。1 升空气重约 1.293 克。跟相同体积的铅相比，空气的重量显然非常小，但是和之后我们会学习到的其他物质相比，它已经非常重了。"

约尔诧异地说："还有比空气轻的东西？人们经常说'轻得像空气一样'，就好像没有什么东西比它还轻了。"

"世界上确实有比空气还轻的物质，就像木头相对于铅一样。空气无色、透明，所以我们看不见。但是我所说的'无色''透明'是针对少量空气而言的，当存在大量空气的时候，再说看不见空气就不准确了。水可以帮我们理解这个区别：装在杯子或者玻璃瓶中的水几乎是没有颜色的，但是在湖泊或者海洋中，水会因为深度不同而呈现出深浅不一的蓝色。同理，当空气较薄的时候，我们用眼睛是无法辨别出它的颜色的，但是当空气足够厚的时候，会呈现出蓝色，这也是天空看上去是蓝色的原因。

"空气是看不见、摸不到、没有形状的，还会从紧握的指缝中溜走，所以研究空气看起来十分困难。如果我们想检测空气，了解它的属性和特质，就必须将一定量的空气和大气中别的物质分离开来，装进某种容器中，并让它能随着我们预先选择的方向流出，去往各处，暴露在某种条件下。总之，要让它能够受我们控制。但是，要怎么控制看不见、摸不到、容易溜走的空气呢？这似乎是一个难题。"

约尔说："这对我来说太难了，但是我相信叔叔一定有解决办法。"

"当然，要不然我们就无法继续下去了。除了空气，还有很多物质也像空气那样是看不见、摸不到、容易逃逸的，它们同样很重要。如果我们现在

---

①　1 英里 ≈ 1.6093 千米。按照现在的观点，大气层的厚度约为 57600 千米，由近到远分为对流层、平流层、中间层、热层、逃逸层等。大气总质量的 99.9% 集中在 50 千米以下。——译者

无法解决空气的问题，那么也就无法了解这些物质了，而作为近现代工业之母的化学也不会像今天这样快速发展了。所有与空气有同样微妙、难以捉摸的性质的物质，都有一个共同的名字——气体。空气也是一种气体。现在，我来给你们讲讲捕捉气体的方法：如果我们想收集从嘴里呼出来的气体，需要先准备一只玻璃杯，在杯子里装满水并将其倒立在水盆中，并且杯中的水面要高于水盆中的水面，还不能流出来。后面我再解释为什么水不会流出来。现在，我们继续这个实验。你们看，我用一根玻璃管往杯子里吹气（图1），芦梗或者麦秆也可以，只要是中空的东西就行。空气从我的肺中出来，在水中产生了气泡。因为空气很轻，所以这些气泡就上升到倒置的杯子底部，把杯子中的水挤出来。现在，杯子里已经充满了我呼出的气体，可以用来做我们要做的任何实验了。"

图1　收集从嘴里呼出的气体

　　埃米尔说："原来收集空气这么简单啊。"

　　"其实很多事情都是这样，你不了解时会觉得复杂，但当你知道怎么做时，就会觉得很容易。

　　"现在，杯子里已经装满从我嘴里呼出来的气体，像这样收集那些看不见、感知不到的东西还挺有趣的。平时我们呼吸的时候，什么也看不见，可是刚才我们却能看见呼出的气在水中变成气泡上升。"

"是的，水的流动好像让我们看到了本来看不见的东西。"

"现在，水静止了，又什么也看不见了。但是我们都知道这个杯子里一定存在一些物质，因为我们看到气泡跑进水里占据了水的位置，把原来的水挤了出来。保罗叔叔说他呼出的气体装满了这个杯子，看上去非常有趣。我也可以把自己呼出的气体装进去吗？"埃米尔问。

"当然可以，但是装之前你要先把杯子里的东西拿出来。"

"拿出来？怎么拿？"

"就这样拿。"

说着，保罗叔叔用手托住杯底，把玻璃杯向水面倾斜，让杯口刚刚露出水面，于是就出现了一些气泡逸出的声音。

埃米尔说："保罗叔叔装进去的气已经跑了。"说着，他照着保罗叔叔刚才的样子，把玻璃杯装满水，倒放在盆中，用玻璃管朝杯子里吹气，开心地看着那些气泡一个个升到杯底。

当杯子里的水都被气泡挤了出去的时候，埃米尔说："这个杯子现在装满了我呼出的气。但是我还想用我呼出的气装满一个大瓶子，可以吗，叔叔？"

"当然可以啊，只要你开心。我也会为你对这个实验充满热情而高兴。"

正好，桌子上有一个保罗叔叔为后面的实验准备的广口大玻璃瓶。埃米尔把它放到盆里，但是盆里的水太浅了，瓶子不能像杯子那样被完全淹没，然后再倒立起来。埃米尔说："盆里的水太少了，要怎样才能把瓶子倒立起来呢？"

"看我的，可以从另一方面着手。"说着，保罗叔叔把瓶子放在桌上，往里面灌满水，一手捂住瓶口，一手握住瓶子，把它底朝上，猛地放进水中，再把捂住瓶口的手抽出来，这样瓶子就倒立在水中，而且里面的水一滴也没有流出来。

埃米尔看到叔叔这么轻易就做到了，佩服地说："保罗叔叔真厉害，什么问题都能找到解决的方法。"

"孩子们，如果只能用简陋的仪器来完成精细的化学实验，我们就需要用些技巧来弥补设备的不足。"

不一会儿，埃米尔就在瓶子里装满了他呼出的气体。然后，约尔也尝试了一次。保罗叔叔继续说："为什么杯子和瓶子里的水能高出水盆中的水面而不流下来呢？现在，我简单地跟你们说一下原因，因为具体的原因属于物理的范畴，而不是化学知识。

"我告诉过你们，空气是可以被称重的。虽然它的重量从数字上看十分微小，每升约 1.293 克。但是，地球上的大气层厚 45 英里，要是把这些大气全部加起来，那重量就可观了。既然大气有重量，那它一定会从上下左右各个方向，向被它包围的物体施压。我们刚才的实验中，大气的压力作用于水盆，这种压力通过液体传递到瓶口，把瓶子里的水托住，使瓶子里的水面高于水盆中的水面。"

神奇的大气压力

"让我们一起做一个令人惊奇的实验，直接感受下大气的压力吧！先在瓶子里装满水，接着将一张潮湿的纸紧贴在瓶口上，然后用一只手按住瓶口的纸，同时用另一只手把瓶子翻转过来，慢慢移开按住纸的手（图2）。你们看，瓶子里的水一滴也不会流出来，这就是因为有大气压力从下方把瓶子里的水托住了，而那张潮湿的纸起到阻隔空气的作用，阻止空气从各个方向进入瓶中。"

图 2　不会流出的水

两个孩子惊奇地问："我们可以试试吗？"

"当然可以，现在就开始。这是瓶子、纸和水，不需要别的了。"

两个孩子按照保罗叔叔刚才的步骤操作了一遍，果然一滴水也没漏出来。

埃米尔惊呆了，他说："太神奇了！这张潮湿的纸只是贴在瓶口，并没有塞住瓶口，为什么水就不会流下来呢？这样能坚持多久呢？"

"你要有耐心一直这么拿着瓶子的话，多久都没问题。"保罗叔叔说。

"那瓶子里的水是不是一有机会就会流下来？"

"对，它随时都想流下来，但是大气的压力比水的压力大，阻止了水向下流。"

"要是我们拿走这张纸呢？"

"水会马上流下来。正是因为这张纸隔绝了水和空气，水和空气才会待在自己的位置，不会流向彼此。如果没了这张纸，空气会迅速钻进瓶子里，把水全部挤出去。你们可以想象一下，如果将两根铁棍头对头，用力向中间推，会产生很大的阻力；如果换成两束极细的针，也是头对头向中间推，就会出现一束针滑进另一束针里面的情况，就像没有纸的时候空气和水进入对方那样。

"我们再来看刚刚埃米尔用来收集气体的瓶子：装满水倒立在盆中，由于大气压力的作用，瓶里的水不会流出来，而且高度会高出盆里的水平面。如果把这个瓶子换成一个细高的容器——一端封口的狭长玻璃管，也把它装满水倒立在盆中。想想这个玻璃管中的水面是否会保持在水盆中的水平面以上呢？答案要视玻璃管的高度而定了。如果玻璃管高度不超过 10 米，水就不会流下来；如果高度超过 10 米，10 米以上的部分会再次被空气填满。这是因为 10 米是大气压力能托住的水柱的高度极限，超过 10 米就支撑不住了，水就要流下来。我们这里用的容器都不到 10 米，所以无论我们的瓶子是大是小，水都不会流下来。"

转移气体实验

"最后，我还要跟你们说说怎么把一定量的气体从一个容器中转移到另一个容器中。还是用我们呼出的气体做实验。首先，拿两个杯子 A 和 B，用一根软管往 A 杯里吹满气，然后将 B 杯装满水倒立在水盆中，让杯口刚刚没入水平面下，接着把 A 杯同样倒立在水盆中，使它的杯口位于 B 杯的杯口下方（图 3）。这时 A 杯中的气体会变成气泡逸出，进入 B 杯中。

图 3　转移气体

"要转移液体，比如倒酒，可以用漏斗。转移气体同样可以利用漏斗。化学上用的漏斗，因为会经常接触腐蚀性液体，所以会用防止各类腐蚀性液体侵蚀的玻璃制成。如果只是转移我们呼出的气体，用一个普通漏斗就足够了，当然最好还是用玻璃漏斗，因为它更符合化学实验的要求，而且玻璃漏斗是透明的，可以看到里面发生的所有现象。

"如果想把气体从任何容器中转移到一个窄口长颈瓶子里，漏斗是必须用到的工具。当然这种转移也必须在水下进行。首先，把长颈瓶装满水倒立在水盆中，再将漏斗从水下插入瓶口。然后，将任何含有空气的容器放到漏斗下面，慢慢倾斜，使原来容器中的气体变成气泡，经过漏斗进入瓶中，这样就完成了转移。

"我们今天就先讲到这里吧。现在，你们可以尝试自己做这个实验了：先用玻璃杯收集呼出的气体，然后将杯子里的气体转移到另一个容器中。你们一定要亲自动手操作，练习一下实验手法，也许很快我就会需要你们的协助了。"

第 5 章　空气实验

用水隔绝空气

保罗叔叔拿来一个深碟子，点燃一支蜡烛，滴了几滴熔化的蜡油在碟子中央，并将蜡烛粘在上面。接着，他用一个透明的广口玻璃瓶罩住蜡烛，然后在碟子里注满水（图 4）。

图 4　用广口玻璃瓶罩住燃烧的蜡烛

两个孩子在一旁看着，有点莫名其妙，不知道叔叔下面要做什么实验。很快，在一切准备就绪后，保罗叔叔问道："谁能告诉我瓶子里面有什么？"

埃米尔说："一根燃烧着的蜡烛。"

"还有其他的吗？"保罗叔叔又问。

"没有了吧，除了这根蜡烛也没看见别的什么东西。"

"我之前是不是说过有些物质用肉眼看不到？所以你们再动脑筋想一

想，而不是只用眼睛看。"

埃米尔听完叔叔的话，有些不好意思地挠挠后脑勺，想说点什么，又一时想不起"看不见的物质"到底是什么。这时，约尔答出来了："瓶子里还有空气。"

埃米尔不甘示弱地争辩道："但是叔叔并没有放空气进去呀。"

"有必要再放空气进去吗？"保罗叔叔自问自答道，"瓶子里原来就已经充满了空气，根本没必要再放了。我们用到的一切容器，比如烧瓶、广口瓶、罐子、玻璃瓶……全被大气包围着，充满了空气，就像一个没有瓶塞的瓶子浸没在水中，被水充满。通常，倒完酒瓶里最后一滴酒，我们会说酒瓶空了，但严格来说，酒瓶并不是空的，虽然倒光了酒，但是空气占据了原来酒的位置，瓶里装满了空气。所以，在空气可以自由进入时，没有什么是绝对空的，也没有什么能够被清空。当然，我们可以借助适当的工具制造真正的'空'。"

约尔问："要用空气泵吗？"

"是的，就是空气泵，它可以抽取密闭容器中的空气，并排到外界大气中。因为我没用空气泵抽过这个瓶子，所以瓶子里会有空气，蜡烛能在瓶内的空气中燃烧。你们知道我为什么在碟子里加满水吗？因为我要拿瓶子里的空气做实验，并借此来研究它的性质，所以需要把这些空气密封在瓶子里，与外界的大气隔绝开来。否则，这个实验就无法进行，我们也无法确定用来做实验的空气的成分。仅靠倒立的瓶子是不能完全隔绝大气的，因为在瓶口和碟子之间会有小缝隙，空气很容易就从这些缝隙中进进出出。所以，我们需要把这些缝隙都堵住才能防止空气乱窜，碟子底部的水就可以做到这一点。碟子里的水不仅能很好地阻隔空气，还可以指示瓶子中发生的反应。现在，我们密切注意瓶中发生的变化吧。"

自己熄灭的烛火

开始，瓶子中的烛火还很明亮，和在外面的空气中燃烧没什么两样。但是，仅仅过了几分钟，火苗就变得越来越小，很快就缩小成一个点直至完全熄灭。

埃米尔叫道："快看！蜡烛自己就熄灭了。怎么回事？"

保罗叔叔说道："不要着急，等下我就给你们解释这个现象。现在，你们只需要睁大眼睛注意碟子中的水有什么变化。"

埃米尔和约尔一起认真地盯着，只见水在瓶口慢慢上升，差不多完全占据了瓶颈部分。

"现在你们可以随意提问了。"保罗叔叔说。

埃米尔急忙问道："我有一个问题。我知道可以吹灭蜡烛，但是刚刚并没有人对着蜡烛吹气啊，就算吹了，还有瓶子罩着，也没办法吹灭呀。也没有风吹过，就算有风也吹不到瓶子里去。为什么开始燃得那么旺的烛火，突然就变暗了，最后熄灭了呢？"

约尔也疑惑地问道："对啊，这个瓶子里最开始不是有空气吗，但是现在瓶颈部分的空气被水占领了，那这一部分空气是怎么消失的呢？它们去了哪里呢？如果不是叔叔之前说过任何物质都不能被消灭，我肯定会认为蜡烛在燃烧的时候将一部分空气消灭了。"

"我先来解答约尔的问题。知道答案后，埃米尔的问题也就迎刃而解了。约尔观察到瓶颈部分的空气消失了，非常好，瓶子里上升的水也证明了这一点。不过，虽然有一部分空气消失了，但是我们绝对不能认为它被消灭了，仔细想一下，不难发现缺少的空气已经变成别的物质了。

"而且，我曾经告诉过你们：性质不同的物质化合时，通常伴有发光和发热。"

约尔说："我想起来了，之前叔叔还拿庆祝化学'婚礼'的烟火打比方来着，瓶子里也能进行这种化学'婚礼'吗？"

"当然，蜡烛燃烧发出了热，也发出了光，所以我们可以说发生了某种化合反应。那么究竟是什么物质发生了这种化合反应呢？毫无疑问，其中一种是蜡油，另外一种就来自空气。因为瓶子里面除了蜡烛和空气就不含其他物质了。这个化合反应产生了一种既不是蜡油也不是空气的新物质，而且性质与蜡油和空气也完全不同。但是我们可以推断，形成的新的化合物和空气一样，是一种不可见的气体，所以我们肉眼看不到。"

约尔又问道："如果蜡油和空气化合产生了新的气体，它就应该占据消失的空气的位置，所以瓶子里应该始终充满气体才对呀。我实在想不明白为什么是碟子里的水进入瓶子里。"

"别急,我马上就会说到。先说说生成的新的化合物吧,它是易溶于水的,就像糖和盐那样。我们知道,如果把糖或盐放进水里,它们就会在水中溶解,消失不见,只能通过味道——甜或咸,来证明它们的存在。

"同理,刚刚生成的气体也溶解在水里了,与水融为一体。类似融有大量气体的液体,你们是非常熟悉的,比如啤酒、汽水、苏打水,在打开或者倾倒的时候,那些原本溶解在水中的气体经过震动,纷纷变成气泡逸出。你们能想象出,汽水中的气体和蜡烛燃烧生成的气体是同一种吗?由于时间不多,我们就不具体讨论这个问题了,将来我会再次谈到这个有趣的话题。

"因为蜡油和空气生成的化合物已经溶解在水中了,所以瓶子里会留下一些位置,又因为周围有大气压的作用,碟子里的水自然就进入瓶中了,占据了空位。而水占据的空间大小正好等于消失的空气的体积。"

埃米尔说:"看!水只上升到与瓶颈相齐的高度。"

"这就说明发生化合反应的气体只有那么多——瓶子中上升的水所占的容积等于参与化合反应的气体的体积。"

"瓶子里有那么多空气,为什么没有燃烧完呢?我看不出来现在瓶子里的空气和之前的空气有什么不同,在我看来也是无色透明的,没有一丝烟雾。"两个孩子很不解。

"我现在来解答埃米尔的问题:为什么瓶子里的烛火没有吹就熄灭了?这是因为,烛火是蜡油和空气中某种物质化合形成的结果。空气和蜡油都是产生火焰的必要条件,两者缺一,火焰就会熄灭。蜡烛作为燃料当然是必需的,有燃料才能燃烧,这再明白不过了。但空气的必要性怎么才能证明呢?可以回想一下刚才的实验:既然没有人吹,蜡烛就熄灭了,那一定是由于缺少了某样东西。"

"我明白了。没有人吹也没有风,蜡烛的熄灭是因为缺少了一个燃烧的必要条件。那么,究竟缺了什么呢?"埃米尔问。

"缺少的肯定是空气,因为瓶子里原来也只有空气,蜡烛想要继续燃烧,空气是不可或缺的。"保罗叔叔说。

"可是瓶子里还有空气,而且也没有少太多啊。"埃米尔仍是一脸茫然。

"确实如你所说。现在先听我说,空气并不是由一种物质组成的,它是由好几种不可见的气体均匀混合而成的。其中有两种气体是最主要的——一种是占比较小,能够帮助燃烧的;另一种是占比较大,不能帮助燃烧的。所以,当瓶子里缺少的是助燃气体的话,烛火就随之熄灭了。"

"我明白了,叔叔你听我说是不是这样。"约尔接着说,"因为没有了助燃的气体,烛火熄灭了。这种助燃的气体和燃烧着的蜡油化合后生成了一种透明的新气体,这种气体溶于水,所以碟子中的水进入瓶中,占据了它的位置。现在,瓶子里就剩下一种不助燃的气体了,因此蜡烛停止了燃烧。"

"你说的基本上正确,但是需要稍加修正。蜡烛的燃烧还不足以用尽所有的助燃气体,瓶子里还有剩余,只是分量很少而不能继续维持燃烧。过几天我们会尝试完全用掉剩余的助燃气体,不过现在我们就先到这里吧。"

埃米尔说:"如果我们再点燃一根蜡烛放进去呢,是不是同样会熄灭?"

"对,而且会迅速熄灭,几乎跟浸入水中一样快。前面一根蜡烛都不能燃烧,再放一根当然也不能燃烧。"

"但我还是想试试看。"

"好吧,那你自己验证一下吧。"

验证蜡烛燃烧实验

保罗叔叔又拿来一根蜡烛,把它插在铁丝弯钩上(图 5)。然后,他左手稍微提起瓶子,右手没入水中挡住瓶口,从水里把瓶子拿出来直立在桌子上,没有让一点液体和气体跑出来,同时将右手撤出。

图 5　将蜡烛插在铁丝弯钩上

埃米尔问:"你把手拿开后,瓶子里的气体不会跑出来吗?"

"不会的。"保罗叔叔说,"因为这种气体比空气重。如果你不放心的话,我们可以做个玻璃盖子。"

说着,保罗叔叔找来一块玻璃片盖住了瓶口。"好了,我们可以继续实验了。"

随后,他点燃了插在铁丝弯钩上的蜡烛,轻轻移开瓶口的玻璃盖,慢慢将蜡烛伸入瓶子里,只见烛火马上就熄灭了(图6)。再试一次,还是同样的结果。

"现在你相信了吧,还不信的话你们自己试试看,正好满足一下好奇心。"

埃米尔点燃蜡烛开始实验。他小心地把蜡烛一点一点伸进瓶子里,他觉得只要缓慢和小心,就可让蜡烛火焰适应这种不适宜的气体,但是结果并没有如愿。他反复实验了好几次,都无一例外地失败了。

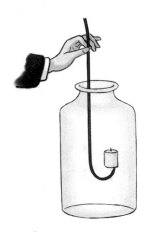

图 6   将蜡烛伸进瓶子里

埃米尔有些烦躁地说:"虽然蜡烛一伸进去就熄灭了,但这也可能是瓶子的原因。可能是瓶子空间太小,蜡烛才熄灭的呢。"

"你说的也不是没有可能,不过我可以马上给你解释清楚。你看我拿的这个瓶子,和刚才那个一样大,瓶颈的宽度也一样,而且充满了和我们周围一样的空气。用它再做一遍你的实验吧。"

　　埃米尔把蜡烛伸进新的瓶子里，只见它像在瓶外一样燃烧得很旺。不管是快速伸进去还是慢慢伸进去，是伸到瓶底还是伸到瓶口，烛火都和在瓶子外面一样明亮。两个实验的对比，成功消除了埃米尔的疑惑。

　　埃米尔说："我这回真的明白了，第一个瓶子里燃烧过的空气已经不能维持第二根蜡烛继续燃烧了。"

　　"你真的完全相信了吗？"

　　"是的，我完全相信。"

　　"好，那我接着说。通过刚才的实验我们可以得到一个结论：空气主要是由两种气体组成，这两种气体都是无色透明的，但是性质却各不相同。其中一种气体含量较少，可以让烛火燃烧得更旺；另一种气体含量较多，却不能帮助燃烧。我们把前者称为氧气（Oxygen），把后者称为氮气（Nitrogen），它们都是非金属单质。空气主要是由这两种气体组成的混合物，而不是单一的元素。事实上，人们证明空气是由性质各异的单质构成的混合物，也只是近几百年才发生的事。"

　　约尔又问："在装有水的碟子中放一个倒立的瓶子，然后在里面点燃一支蜡烛，这么简单，为什么以前人们不知道用这种方法做实验呢？"

　　"这个实验做起来很简单，但是想到这个实验却很困难呀。"保罗叔叔说。

快速消耗掉氧气的材料

　　"我们刚才做的实验，操作很简单，需要的道具也很容易找到，但是这个实验还没完。它只能证明空气主要由两种不同的气体组成，一种可以助燃的叫氧气，另一种不能助燃的叫氮气。但是这个实验并不能告诉我们每种气体各含多少，因为蜡烛熄灭后剩余的气体中仍有相当一部分氧气残留，而不是只剩纯的氮气。

　　"蜡烛的火焰比较微弱，轻轻一吹就熄灭了。虽然它在瓶子里可以不受任何气流干扰，但是由于火焰燃烧得不强烈，也就不能充分利用氧气助燃，当氧气逐渐变得稀薄时，火焰就会逐渐减弱直至熄灭。我给你们打个不算太恰当的比喻，烛火就像一位食量很小的客人，面对一桌美食也只能吃一点点，而剩下很多。现在，我们要做的实验就是找个'大胃王'，把一桌美食都吃光。换句话说，我们要找到一种燃烧非常猛烈的材料，把瓶子中的氧气全部消耗完，最终只剩对燃烧没有用的氮气。

"什么样的材料才合适呢？煤吗？不是，煤还不如蜡烛，至少蜡烛一点就着了，煤还需要引火物才能点着，而且煤还需要不断输送空气才能持续燃烧，所以用煤做实验不可行。那是硫黄吗？虽然它一旦点着就会猛烈燃烧，消耗大量氧气，但是它会产生令人窒息的烟雾。如果手头找不到其他更好的材料的话，用硫黄也可以。不过，我还是想提示一下你们，是否注意过火柴的红火柴头呢？火柴头上除了助燃物质，还有一种易燃物质。谁能先告诉我是什么呢？"

"是磷！"两个孩子同时喊道。

"对，就是磷！磷的燃点比较低，极易燃烧，只要在火柴盒的砂纸上轻轻摩擦，就可以燃烧起来。红头火柴又叫摩擦火柴，现在火柴头也有了别的颜色，不再用磷，而是改用一种磷的化合物。磷极易燃烧，而且燃烧的猛烈程度没有其他物质可以比得上，就像我们想要找的那个'大胃王'。但是，在实验开始之前，我们需要先了解一下磷的性质。我想你们除了在红火柴头上见过磷之外，并不是很了解它吧。"

埃米尔忍不住问："为什么你总说红火柴头而不说黑火柴头呢？难道黑火柴头不是磷做的吗？"

"因为制作红火柴头的磷和制作黑火柴头的磷是不相同的。红火柴头上用的是普通的磷——黄磷，这就是我们下面的实验中要用到的磷。但是，制作黑火柴头用的是红磷——呈红色，性质不太活泼。

"磷本身只有一种颜色，与黄蜡的颜色相近，红火柴头在制作过程中掺入了一种红色燃料，所以就变成了红色。红火柴头中除了含有黄磷和红色的燃料外，还含有一些助燃的物质和树胶等。我们在生活中用到的磷大多不是纯的磷单质。现在，我会让你们看看一些特别纯的磷。

"前几天我去市集的时候顺便买了一些实验室急需的东西。我跟你们解释一下什么是实验室吧。实验室是进行科学研究的场所，也是科学家工作的地方。虽然我们的实验室比较简陋，但是仪器、药品之类的基础物品还是需要准备齐全的，要不然除了双手之外什么都没有，我们能干什么呢？纯聊天吗？但是我认为化学不能只靠嘴说，需要通过实验，亲眼看到物质的变化，亲自去尝试、实验和操作，这才是获得知识的最佳途径。

"铁匠没有了铁钳和锤子，就不能打造铁器。同样，化学家的实验室里如果没有各种仪器和药品，就无法做化学实验。你们的叔叔我财力有限，现在先添置一些最基本的物品，但是为了实验我会一点一点地购置物品，完善我们的实验室。当实验设备不足的时候，就需要我们开动脑筋想想如何避免使用复杂仪器，利用日常用品进行实验，这样也有助于启发我们的智慧。随手可得的水盆、旧瓶子、玻璃杯，都可以作为化学实验的仪器。而且，使用这些日常用品做实验，得到的效果并不比在大实验室的效果差太多。孩子们，如果你们将来能够拥有真正的实验室并在其中工作，说不定还会怀念我们现在简陋的实验室呢。

"但是也有可能日常生活用品无法达到某些实验要求，这个时候我们就不得不停下实验，去购买必需用品。这个先说到这里，我们继续谈一谈磷。"

> **趣味小知识：**
> 除了氧气有助燃的作用外，氟气、氯气都可以助燃。

危险的磷燃烧实验

保罗叔叔将一个装满水的瓶子放在孩子们面前，瓶子里放着一条黄色的物质。

他说："这就是纯净的磷，它是半透明的黄色固体，就像咱们蜂房里那块漂亮的蜂蜡。"

约尔问："那为什么要把它放在水里呢？"

"因为它在空气中太过易燃，一点点热量就能让它燃烧起来。"

"可是为什么红头火柴中的磷不会随时在空气中燃烧起来呀？想要点燃，至少需要摩擦一下。"

"我之前告诉过你们，红头火柴中用到的磷并不是纯净的磷，它混合着燃料、树胶等其他物质，减弱了它的可燃性。但是，它在高温下也是很容易燃烧的，埃米尔之前提起的手指被灼伤的事便是很好的证明，这也是红头火柴一个严重的缺点。所以，现在很多人都改用黑头火柴了。黑头火柴中的磷是一种不太活泼的红磷，在空气中不会轻易自燃，而且黑头火柴的磷是在火柴盒一侧的棕色摩擦面上，不在火柴头上，火柴在其他地方摩擦时不会燃烧，因此人们就把黑头火柴叫作安全火柴。"

埃米尔问："为什么把易燃的普通磷放进水中就不易燃烧了呢？"

"埃米尔你不记得我昨天说的了吗？燃烧需要两种物质：可燃物质和助燃物质，缺一不可。这里的助燃物质就是空气中的氧气，当两种物质化合的时候就会燃烧。燃料再怎么容易燃烧，如果没有氧气助燃也是不可能燃烧的。所以，我把磷放进水里，使它不与空气接触，防止它燃烧。

"但是你们还是要多加注意，因为比起炽热的炭和铁，被磷灼伤是一件危险而痛苦的事情，造成的伤害更大。所以，你们不要随意摆弄磷，如果为了做实验而必须使用它，也要十分小心。

"我这样再三叮嘱你们，除了因为磷容易自燃和会灼伤人外，更重要的是它还是一种毒药，哪怕只是误食极少量也会致命。所以，你们要时刻提防，小心谨慎。

"我接下来就通过实验告诉你们，如何用磷来确定空气的组成成分。我会取出少量的磷，把它放在与大气隔绝的一定量的空气中燃烧。

"这次实验我们用的容器要足够大，避免容器内壁因为火焰的高热而突然爆裂。如果没有更好的选择，可以用常见的玻璃罐头瓶。但是这次我准备了一个更好的东西——化学家使用的钟形玻璃罩，这是我最近刚买的，比普通瓶子更合适。你们以后会发现这是一个非常有用的实验器具，希望你们在使用的时候爱惜它。你们看这个透明的玻璃钟罩，圆形的顶上有一个方便人们拎起的小玻璃球，因为外形看起来像钟罩而得名（图7）。

图 7 玻璃钟罩

"现在，我们准备开始磷的燃烧实验，也就是燃烧一点磷。这一实验必须在水面上进行，这样才能使玻璃钟罩内的空气与外面的大气隔绝开来。所以，我们需要把磷放在小木块或者任何能漂浮在水面的物体上，使它保持干燥。可是，如果直接将磷放在小木块上肯定会烧毁木块，所以还需要在磷和木块之间垫上一点儿不易燃烧的东西，比如一块碎瓦片。一切都准备好了，可以继续进行实验了。

"我们需要先切下一小块磷。磷的硬度和固体蜂蜡差不多，质地比较软。切磷时要十分小心，因为它暴露在空气中时，和刀子稍微摩擦就可能燃烧起来，灼伤实验者。所以，必须在水里切磷，一定要用铁质镊子，而且动作要迅速。你们先看我是怎么操作的。"

只见保罗叔叔将一个铁镊子伸进瓶中，迅速夹出一小条磷。与此同时，孩子们闻到了一股浓烈的大蒜气味，并且看到磷释放出少量白烟。

保罗叔叔后来告诉孩子们，那股大蒜气味是磷特有的味道，如果在黑暗中看的话，还会发现白烟在发光。保罗叔叔将取出来的磷立刻放入水中，用刀切了一小块，跟两颗豌豆大小差不多。他把切下的磷放在一小片瓦片上，然后又把瓦片放在一个小木块上（木块要有足够的浮力，可以支撑起瓦片），再把承载瓦片和磷的小木块放在水面上。最后，他点燃了磷，并立刻用玻璃钟罩罩住它们。

玻璃钟罩内的磷猛烈地燃烧着，发出夺目的火光，不断散发出的白烟形成浓密的烟雾，看上去好像玻璃钟罩里装的是牛奶一样（图 8）。同时，盆中的水快速上升到玻璃钟罩里，保罗叔叔不得不向盆里加更多的水，始终让盆中保持充足的水量，以继续阻隔罩外的空气。玻璃钟罩内的白烟越来越浓，都看不见磷燃烧的火焰了，偶尔闪现的火光就像穿透厚厚云层的闪电。后来，闪现的火光暗淡下来，火焰完全熄灭了。

图 8　磷在玻璃钟罩内燃烧

"好了，现在玻璃钟罩内的氧气全部燃烧尽了，剩下的基本就是不能助燃的氮气。"保罗叔叔宣布，"而那一小块磷还没有燃烧完，等白烟散去后你们就能看到它。趁着等白烟消散的间隙，我们来讲讲白烟吧。白烟来源于燃烧的磷，是磷和空气中的氧气化合而成。磷和氧气的化合反应伴随着发光、放热，等下你们可以摸一摸水中的瓦片，感知那热度。白烟易溶于水，于是罩内就有了空位，大气压力就使盆中的水上升到玻璃钟罩内。我们知道白烟是磷和氧气化合的产物，所以白烟中含有氧元素，消失的白烟也就是消失的氧。因此，我们可以从水上升的体积推断出空气中氧气的含量。大概需要三十分钟白烟才会完全溶于水中，我们可以轻轻震荡罩内的水，加速白烟的消失。"

说着，保罗叔叔小心地摇晃玻璃钟罩，很快它就恢复了透明。随后，就看见瓦片上果然如叔叔所说还有残留的磷。但是磷已经变成红色了，被热量熔化以后散落在瓦片上，样子发生了很大变化，以至于孩子们都没有辨认出它是磷。然后，保罗叔叔将玻璃钟罩稍加倾斜，让木块漂浮到边缘，连同瓦片和残留的磷一起拿了出来。

他说："我们现在得到的就是真正的磷，虽然它的外表因为高热变成了红色。我之前说过黑火柴头是红磷制成的，现在经过燃烧剩下的物质就是红磷。红磷和黄磷的颜色、形状、性质都不同：黄磷性质活泼，可以在空气中自燃；红磷性质不活泼，需要高热才能在空气中燃烧。黄磷就像一个活力四射的健康人，红磷就像一个萎靡不振的病人。"

保罗叔叔边说边拿起瓦片上的红磷，带着孩子们一起来到花园里，因为接下来的实验可能产生有毒白烟，在空旷的地方更容易散开。保罗叔叔将瓦片放在一块石头上，用火柴一点，瓦片上的磷瞬间燃烧起来，在发光的同时生成了和罩子里一样的白烟，这就证明了瓦片上的残留物质确实是磷。

当所有的磷燃烧殆尽后，保罗叔叔又说道："玻璃钟罩里的磷之所以停止燃烧，并不是因为缺少可燃物质，而是缺少助燃物质。磷作为可燃物质，最后还有剩余，那缺少的当然就是助燃的氧气了。因此，我们可以肯定玻璃钟罩里已经没有助燃的氧气了。"

趣味小知识：

磷首先是由德国汉堡的一位叫汉林·布朗德的商人在 1669 年发现的。在一次实验中，他将砂、木炭、石灰等和尿液混合，加热浓缩，意外地得到了一种十分美丽的物质，色白质软，还能在黑暗中不断发光，但是这种光不散发热量，是一种冷光，他称它为"冷火"。磷主要用于制造磷肥、火柴、烟火、杀虫剂、牙膏和除垢剂等。

氧气和氮气的比例

"磷和蜡烛的实验都告诉我们：空气中主要含有氧气和氮气两种气体，氧气助燃，氮气不助燃。磷的实验又进一步告诉我们这两种气体在空气中所占的比例。实验用的玻璃钟罩是圆柱形，把它的高度分为相同的五部分，那么每一部分的容积基本相等。现在，我们可以看到水上升到玻璃钟罩中占据了之前氧的位置，占总高度的五分之一，氮占剩余的五分之四。因此，可以推断出我们周围的空气中，氮的含量是氧的四倍，换句话说，每 5 升空气中就含有 1 升的氧气和 4 升的氮气[①]。

　　"我们今天先讲到这里吧。明天，我们的实验需要用到两只活的、没有受伤的麻雀，我们现在先把捕鸟器准备好，明天早上就可以捕到麻雀了。"

――――――

① 确切地讲，空气中还有水蒸气和其他气体，只不过它们的含量极低，可以忽略不计。

第 6 章　麻雀实验

不助燃的氮气

　　第二天，捕鸟器果然捉到了两只活蹦乱跳的麻雀。孩子们把装有麻雀的笼子提到保罗叔叔面前，非常想知道叔叔会拿它们做什么实验。他们对这种实验课程非常感兴趣，觉得这和做游戏一样有趣。保罗叔叔也非常高兴：兴趣是最好的老师，只有享受学习才能学好。

　　保罗叔叔说："通过之前的实验我们已经知道，磷在玻璃钟罩内燃烧后，剩下的是完全不能助燃的氮气。如果我们只用眼睛看，会觉得氮气和空气并无差别，但实际上它们的性质完全不同。从昨天的实验来看，这再明白不过了，氮气不能使任何物质燃烧。昨天的玻璃钟罩内还剩下很多磷，却不再燃烧，后来我们将磷拿出来，在空气中点燃，这些磷又重新燃烧起来。由此可以证明，玻璃钟罩里的助燃气体已经消耗殆尽，但空气中的助燃气体却是取之不尽、用之不竭的。所以，磷最后在空气中燃烧完了。

　　"磷已经算是非常容易燃烧的物质了，但仍然不能在纯氮气环境下燃烧，更何况是别的不易燃的物质。"

　　约尔说："对啊，连最易燃的物质都不行，那是不是意味着任何火焰进入氮气都会立即熄灭？"

　　"是的，任何燃烧的物质只要放入氮气中就会立刻熄灭。"

　　"这跟蜡烛在瓶中停止燃烧是一样的吗？"

　　"是的，但不完全是。蜡烛燃烧时并没有完全消耗掉空气中的氧气。在倒立的瓶中，蜡烛燃烧过后所剩下的气体并不是单纯的氮气，其中还掺杂着少量的氧气，只是这些氧气不足以维持第二根蜡烛燃烧了。但是，像磷这样的易燃物质，是可以在残留有氧气的空气中继续燃烧一段时间的。"

约尔说："是不是可以这样认为，磷的'食量'要比蜡烛大，所以能将蜡烛'吃'剩下的氧气都'吃'完。"

"这个比喻很对，又很形象。磷是个'大胃王'，只要有残余的氧气，它都会毫不犹豫地'吃'个精光。但是，如果一点氧气的残渣都没有剩下，它肯定就什么都'吃'不到了，也就停止燃烧了。"

埃米尔说："我听明白了，但是我还想用实验再证明一下。"

保罗叔叔说："我正准备做这个实验。为了方便实验，首先需要把玻璃钟罩里的气体转移到广口瓶中。如何进行气体转移，之前我演示过，这次你们自己试着操作一下吧。放玻璃钟罩的盆子太小了，深度也不够，这次我们得用这个装满水的大木桶。"

说着，保罗叔叔把水盆连同玻璃钟罩一起放进了大木桶中，当玻璃钟罩的边缘浸入水中时，他立刻拿走了水盆。同时，约尔将一个装满水的广口瓶倒立在桶中，瓶口刚好在水面以下。保罗叔叔将玻璃钟罩稍稍倾斜，钟罩内的气体就慢慢进入瓶中并将它充满。然后，叔叔又把水盆贴在玻璃罩下面，把钟罩从水中拿回到桌子上。最后，叔叔用手掌挡住瓶口，把它颠倒过来直立在桌子上，迅速撤掉手掌，用一块玻璃盖住瓶口，防止外界空气窜进去。

"现在，这个广口瓶中就充满了氮气，硫、磷、蜡烛，我们先用哪一种进行实验呢？"保罗叔叔问孩子们。

"我们先从不太易燃的蜡烛开始吧，怎么样？"埃米尔提议。

说完，他将点燃的蜡烛插在铁弯钩上，缓缓地伸入瓶中。刚伸到瓶口，烛火就突然熄灭了，连烛芯上的火星都没有片刻停留。蜡烛熄灭得如此之快，就好像被一下子按进了水里。

埃米尔说："这可比上次实验快多了啊，昨天实验的时候，烛火要深入瓶中才会熄灭，熄灭后烛芯上的火星还残留了好一会儿。但今天的实验，蜡烛才伸入瓶口，火焰和火星立即同时消失。我们再试试磷吧。"

"可以的，不过你们会看到磷在里面也不能燃烧。"

埃米尔把磷放在之前用过的瓦片上，然后把一根铁丝的一头弯成了一个圆环，用来托住瓦片。接着，他点燃磷，将其伸入装有氮气的瓶中，本来燃烧着的磷立即熄灭了。

接着，埃米尔又用硫做实验。他本以为易燃的硫也许能在瓶中继续燃烧，但结果跟磷一样，立即就熄灭了。

保罗叔叔说："不用再做试验了，结果都一样。因为氮气不助燃，所以任何物质都不能在氮气中燃烧。"

收集新的氮气

"接下来我们要用两只麻雀做实验了，如何利用麻雀对你们来说现在还是一个谜。开始之前，我们需要一瓶新的氮气，因为这一瓶氮气已经与磷、硫和蜡烛接触过了，无法确定它还是不是纯净的氮气。所以，我们需要先把瓶子里的气体排空，再从玻璃钟罩里转移一些新的氮气。想想我们应该怎么做呢？"

埃米尔不假思索地说："把瓶子倒过来不就把里面原有的气体都排出来了吗？"

保罗叔叔说："但是你想过没有，瓶子里的气体和空气差不多重，就算倒过来也不一定能成功排出。"

"这我倒没想到。那如果我使劲往里面吹气，能不能将它赶出来？"埃米尔说。

"虽然从理论上讲是可以的，但是这样做我们没有办法看到气体进出的过程，就无法判断瓶子里的气体是不是完全被排出了。而且，你吹气的时候，呼出的气体替换了氮气，又要用什么方法赶走这些气体呢？还是用嘴吹吗？这样永远也不能将瓶中的气体赶走。"

"对哦，的确是这样。我一开始还以为很容易呢，现在想想也是困难重重。约尔一句话都没说，我想他也没想到办法吧。"

约尔说："是的，这个问题看似简单，但我确实也想不到办法。"

"不用烦恼，看我的。"保罗叔叔说。

他把瓶子沉到了大木桶中，瓶子里面立即就充满了水。

"看，现在瓶中的气体已经完全被赶走了。"

孩子们说道："是的，但又装满了水。"

"这没关系，我们刚才从玻璃钟罩中转移出第一瓶气体时，瓶子里不也是装满水的吗？"

"啊！原来如此。真是太简单了。正如你昨天说的，能想到简单的办法才是最难的。"

保罗叔叔说道："说到这里，我给你们讲个故事。以前，为了确认各地空气的组成成分是否一致，飞行家和旅行家会把他们所到之地的空气带回来做实验。那他们是如何从山巅、高空收集空气样品的呢？又怎么能确定收集的空气确实来自高山之巅和高空中呢？用到的方法就是我们赶走氮气的方法。先准备好一瓶水，到了要收集空气的地方后将瓶子里的水倒出来，空气就在水流出来的同时进入瓶子里了。等最后一滴水倒完，盖好瓶盖，就收集到一瓶空气了。"

氮气瓶里的麻雀

"现在我们来做需要用到麻雀的实验。刚刚我们从玻璃钟罩里转移出了一瓶氮气，现在我们再用同样大小和形状的瓶子装一瓶空气，两瓶气体的瓶口都用玻璃片盖住，并排放在一起。从外表上看，这两瓶气体并无差别。接着，我们把两只麻雀分别放进这两个瓶子里。实验开始之前，我先问下埃米尔：如果你是麻雀，你愿意待在哪个瓶子里呢？"

埃米尔回答："要是在一个星期前，我肯定会说哪一个都行，因为这两个瓶子看起来并没有任何分别。但是现在，我有点犹豫。我还不了解氮气的特性，但是它会让火焰瞬间熄灭，让我感到害怕。空气我就比较熟悉了，所以我宁愿选择空气。如果我是麻雀，我会选择装满空气的瓶子。"

"很快你就能看到，你的选择非常明智。"

保罗叔叔从笼子里抓出麻雀，一只放进装满空气的瓶子，另一只放进装满氮气的瓶子，然后用玻璃片把瓶口盖好，保持瓶的密封。孩子们紧张地盯着两个瓶子，好奇地等待接下来将要发生的事情。在装有空气的瓶子中，麻雀没有任何反常的表现，依旧扑扇着翅膀，啄着玻璃瓶壁，想逾越障碍飞出去，试了一次又一次，每次都无功而返。除了表现得惊恐不安，和放进去之前没有什么两样。

但是，在装满氮气的瓶中，麻雀的表现截然相反。刚被放进去没多久，它就像喘不过气一样，大张着嘴、胸部起伏、身体摇摇晃晃，一阵抽搐之后，倒在了一旁无力地挣扎着，最终一动不动（图 9）。

图 9　两只麻雀

保罗叔叔说："这不是一个有趣的实验，我不喜欢，我知道你们看完也很难过。为了科学实验让麻雀沦为牺牲品，这与我们善良的本性相违背。仅此一次，这不会再重演了。"

实验结束了，保罗叔叔从瓶子中取出两只麻雀。装有空气的瓶子中的麻雀仍旧非常活泼，而另外一只麻雀已经爪子僵硬、胸口朝上——它死去了。埃米尔和约尔看着它，既难过又不解，希望它可以活过来。

保罗叔叔猜到了他们的心思，说道："这个可怜的小麻雀真的已经死了，不会再活过来了。"

特别提示：

我们和原作者所处的时代背景不同，为了尊重原著，此处保留了原著中的麻雀实验。但是现在，我们倡导爱护动物，与大自然和谐相处，不提倡用动物做实验。

生命不可或缺的氧气

约尔忍不住问："麻雀的死是不是因为氮气有毒？"

"不是，氮气是完全无毒的。空气里面大约有五分之四都是氮气，如果有毒，我们也无法安然无恙地在空气中生存。氮气不是杀死麻雀的罪魁祸首。"

"那麻雀是怎么死的呢？"

"在空气中燃烧的蜡烛到了氮气中会熄灭，如果因此就说氮气有灭火的性质，是不准确的。空气中大部分都是氮气，要是氮气真有灭火的性质，蜡烛肯定不能在含有大量氮气的空气中燃烧。所以，蜡烛熄灭不是因为氮气，而是因为全是氮气的瓶子里缺少氧气——燃烧所必需的要素。总的来说，不能燃烧不是因为有氮气，而是因为缺乏氧气。

"如果人溺水而死是因为水有毒吗？当然不是，我们都知道不是因为水有毒。人之所以会溺水而死，是因为缺少空气。同样，我们也可以说这只麻雀是被氮气溺死的。事实上，不能说那个瓶子里一点空气都没有，因为氮气本身就是空气的重要组成成分。麻雀死亡的原因是呼吸时缺少了赖以生存的另一种气体，只有这种气体才能维持动物的生命，就像维持蜡烛火焰燃烧一样。

"麻雀的死和烛火的熄灭都是因为缺少氧气。生命和燃烧极为相似，它们在没有氧气的地方都无法继续下去——动物无法生存，蜡烛不能燃烧。要想明白其中的联系，必须先仔细研究空气中氮气的这位伙伴——氧气的作用。然后你们就会发现，生命和燃烧是如此相似。"

两个孩子你看我，我看你，诧异地听着叔叔将生命和燃烧的火焰联系在一起。

保罗叔叔继续说："我所说的都是以严谨的科学观察为依据，并不是凭空捏造的。虽然蜡烛燃烧的时候我们不能说它有生命，但从化学反应的角度来看，这确实和生命相似。一支点燃的蜡烛需要氧气维持燃烧，就像一只鲜活的动物需要氧气来维持生命一样。"

埃米尔问："其他动物也一样吗？也会像麻雀一样在氮气中死去？"

　　"所有动物在纯净的氮气中都会死去，只是动物种类不同，耐受死亡的时间长短也会有所不同，有的死得快，有的坚持的时间长一些而已。因为所有动物都需要氧气才能生存，氧气在生命中的地位是无法取代的。如果我们罔顾生命，也可以用很多动物来做实验，比如鸟、田鼠、鼹鼠、昆虫、蜗牛等，但这太残忍了。虽然各种动物都需要氧气，但是需要的程度不一样，有些动物会在氮气中立即昏倒，比如麻雀，有些动物却能在氮气中生存数小时甚至数天，但最终还是会死亡。

　　"无一例外，所有的动物都需要氧气才能生存。动物里，鸟类因为呼吸短促，最需要氧气；其次是生物学家定义的哺乳动物，比如猫、狗、兔子等；爬行动物的耐受力较强，比如蛇、蛙、蜥蜴等，它们甚至可以在氮气中坚持一小时以上；最不容易死亡的是昆虫以及其他体型很小的生物，它们能在氮气中存活数天呢。

　　"这是一件非常重要的事情，我们必须用实验再验证一下。今天早上，我看到一只被捕鼠器逮住的老鼠，就算我放过这只可怜的老鼠，它也会死在猫爪之下，还不如拿来做实验。埃米尔，去把它取来吧。"

　　埃米尔听叔叔的话，从捕鼠器上取来了老鼠。这时保罗叔叔又重新装了一瓶氮气，将老鼠放进了瓶子里。老鼠被关进瓶子里后，先是沿着瓶底转了几圈，拿嘴用力顶瓶壁，想找出口逃出来，除了恐惧外没有不适的样子。过了一会儿，它全身颤抖着蜷缩成一团，似乎是要睡着了。最后，一阵猛烈的抽搐过后，它就死了。虽然整个过程只有几分钟，但显然比麻雀活的时间长。

　　保罗叔叔说道："把老鼠拿去给猫吧，以后我们再也不拿动物做实验了。现在我们总结一下所学的东西：空气中，氮气的体积约占五分之四，是一种无色无味的不可见气体。任何物质都不能在氮气中燃烧，燃着的蜡烛伸入氮气中会立即熄灭。动物无法在氮气中存活，是因为缺少了氧气，而不是因为氮气本身有毒。氮气是无害气体，缺少空气中唯一能维持生命的氧气，才是导致动物死亡的真正原因。"

第 7 章　氧气实验

用磷分离氮气和氧气

桌子上放着铁匣子，里面是装有磷的瓶子，匣子旁边放着那只大玻璃钟罩，罩着一个装满石灰的大盆。保罗叔叔准备进行新的实验了。

孩子们好奇地问："叔叔打算用这些东西做什么实验呢？"

保罗叔叔说道："你们现在对空气还不算太了解。我们只做了氮气的相关实验，而空气的两种主要组成成分是氮气和氧气。虽然氧气的含量少，但它更重要。到现在为止，你们只知道氧气是一种助燃物质，从磷的燃烧实验中得知氧气占空气的五分之一。后来我又告诉你们任何东西燃烧都需要氧气，没有氧气火焰会熄灭，没有氧气动物也无法存活。但是氧气到底是怎样一种物质呢？它单独存在的时候有什么特性呢？通过下面的实验，我将一一为你们解答。

"因为每 5 升空气中有约 4 升氮气和约 1 升氧气，所以我们应该以空气为原料，提取纯净的氮气和氧气。空气中的氮气和氧气只是简单地混合在一起，并没有化合，这一点以后有机会我会给你们证明。分离混合物只需要简单的方法，但因为这种气体看不见、摸不着，所以操作起来也非常棘手。之前我们把硫黄和铁屑混合在一起，埃米尔开始认为只要有很多时间和极大的耐心，就一定能把它们分离开。确实如此，只要我们手指灵活、目光敏锐，把这两种物质分离开来并不困难。可是，分离空气这样的混合物却完全不同。别说组成这种混合物的两种物质都看不见也感觉不到，就算看得见，由于其性质都非常微妙，想要分离它们也非常困难。那么，我们应该怎么做呢？"

约尔想了想说："我们最后是用磁铁轻易地分离了硫黄和铁屑，所以我想，是不是也能找到这样一种类似的工具或者方法分离氮气和氧气呢？"

埃米尔赞同地点点头说："我也这么认为，如果可以找到一种像磁铁那样只吸铁屑而不吸硫黄的东西就好了，就能让它吸引空气中的一种气体，留下另一种。"

保罗叔叔说："我没有想到你们还有举一反三的能力。你们的答案正和我准备采用的方法思路一样，这也是唯一可行的办法。你们想要的这种物质，其实在实验中已经见过。"

孩子们开心地问："是磷吗？"

"对，就是磷。磷在玻璃钟罩里燃烧的时候，是不是消耗了所有的氧气，而把氮气留在了钟罩里？"

"是的，没错。"

"这样是不是就像把磁铁放进了硫黄和铁屑的混合物里，它只吸引了铁屑，而剩下了硫黄呢？"

"是的，很像呀！"

"磁铁能吸引铁屑而不能吸引硫黄，所以硫黄被留下了。同理，燃烧的磷吸引了空气中的氧气而不吸引氮气，所以氮气被留在了瓶子里。"

"我想到了分离的方法。"约尔说，"在之前的实验中，我们把被铁屑包裹的磁铁从混合物中拿出来，然后将这些铁屑刷落到另外一张纸上。同理，我们可以先让磷吸住所有的氧气，然后就可以把它从空气中拿出来了。"

"这个提议很好，"保罗叔叔称赞道，"但这个操作却实现不了。从磁铁上刷下铁屑很容易，但是想要把被磷吸住的氧气分离出来就没那么容易了。我告诉过你们，磷是'大胃王'，只要它'吞掉'了氧气，除非用强硬的手段，否则它是不可能再把氧气'吐'出来的。而且，我们这个简陋的实验室设备有限，是无法实施强硬手段的。"

约尔听完有点失望，"既然这样不行，那只能换个方法了。我们的实验室中有什么东西跟磷的作用刚好相反吗？就是能吸走空气中的氮气，而只留下氧气的。那样就可以更简单一点。"

"确实会简单很多，但是……"

"但是什么？"

"但是，有一个比较棘手的问题。你们知道的，氮气是一种有点'孤僻'、不爱'交际'的元素，通常是不愿意和别的元素发生反应的，甚至讨厌化合反应，所以我们就不要寄希望于别的物质能吸引空气中的氮气了，这样的尝试都是注定要失败的。

"当然，并不是说我们要绝望地放弃。我们仍然可以沿着第一种思路进行推想。磷燃烧的时候和空气中的氧气紧密结合，就不会轻易地再把氧气放出来。但是，不是所有的单质都是这样。有一些物质更'随和'，轻易地就会把结合的氧气让给别的物质。现在，我们需要先研究一下氧气是如何储存在燃烧过的物质中的，我们还要使用磷来做实验。"

物质不灭定律

"你们还记得在我们之前的实验中，磷燃烧时玻璃钟罩里产生的白烟吧。它当时一点一点被水驱散。如果不是我提醒了你们，你们可能会误认为白烟的消失印证了火会把任何燃烧的材料消灭得一干二净。虽然我告诉你们白烟并没有被消灭，但也没有证据证明。那么，现在我就借助这个实验证明给你们看：火无法消灭任何物质，它只是改变了物质存在的形态和性质，而不能改变物质的客观存在。磷的燃烧实验一方面告诉我们物质不灭的真理，另一方面又通过燃烧储存了氧气。

"磷燃烧产生了极易溶于水的白烟，这在上次的实验中我们可以很明显地观察到。我们如果想保存这些白烟，那么磷一定要在没有水的地方燃烧才行。不论空气看上去有多干燥，一定或多或少包含有我们看不见的水蒸气，磷在这样的环境中燃烧，生成的白烟一定会'贪婪'地扑上去，把自己溶解在水蒸气中。为了避免这样的干扰，我们要做好充分的预防措施，保证所用的空气是足够干燥的。

"我们可以用生石灰来得到这种干燥的空气。生石灰是那种刚刚从石灰窑中烧制出来的、熟化之前的石灰。你们知道把生石灰放置在空气中，时间久了会有什么变化吗？"

约尔说："我知道，石灰会慢慢地裂开，然后逐渐粉碎，化为乌有。就像用水浇在石灰上一样，不过洒水会让石灰消失的速度快一点。"

"对，在生石灰上洒水，它会慢慢裂开、粉碎，最后化为乌有。将生石灰暴露在空气中一段时间，也会发生这样的变化，只不过速度要慢很多。知道为什么吗？这是因为生石灰慢慢吸收了空气中的水蒸气，当吸收的水蒸气越来越多时，就发生了反应。因此，我们可以利用生石灰来达到干燥空气的目的。

"在几个小时前，我已经在一个大盆中放上了生石灰，上面盖了玻璃钟罩，这样就可以把钟罩里的空气预先干燥，磷在钟罩里燃烧时产生的白烟就不会消失了。现在我们开始做磷燃烧的实验吧。"

保罗叔叔又在水中切下一小块磷，并且小心地用吸墨纸吸干，然后把它放在一小块瓦片上，接着稍微抬起钟罩，抽出大盆，将盆中的石灰换成盛有磷的瓦片，并点燃了磷，用玻璃钟罩罩好。起初，磷的燃烧和上次看见的现象没有什么不同，同样产生了亮光和白烟。但是，燃烧没多久，玻璃钟罩里的白烟凝结成了漂亮的白色片状物质，像纷纷飞舞的雪花，很快覆满了盆底。

"埃米尔你来说，这白色的物质是什么？"保罗叔叔问。

"我也很奇怪，完全想不到燃烧还可以产生雪花。不过，我知道这肯定不是真正的雪花，只是磷燃烧后的产物。"

"它是另外一种物质，这点毫无疑问。我们再让它多生成一些吧。如果火快要熄灭了，我们就再烧旺一些。"

说着，保罗叔叔微微提起玻璃钟罩，暗淡下去的火焰又旺盛地燃烧起来了。

他说："空气少了，磷就无法继续燃烧了。我稍微抬起罩子，就是想放一些空气进去，这样火就又重新燃烧起来。我们还可以让空气再多进去一点，这样我们就可以得到足够多的奇妙'雪花'了。"

补充了三四次空气后，玻璃钟罩里的"雪花"已经足够厚了。保罗叔叔拿出铁钳，把盛磷的陶片夹出，拿到花园里，以免磷继续燃烧生成的白烟散在屋子里，被大家吸入。

保罗叔叔接着说："现在，我要请你们检查一下盆里是什么。像雪花一样的白色片状物质是磷燃烧后生成的。燃烧时的火并没有消灭磷，只是把它变成了别的东西。这变化十分彻底，如果你们不知道这种假雪花的来历，一定猜不到它的性质。我再重复一次，火不能消灭任何物质，因为火而消失的东西只是改变了存在形式，有的变成我们看不见的气体，有的会变成可以看见的物质。你们在盆里看到的这种东西是磷燃烧后形成的，能触、摸、嗅，磷虽然经过了燃烧，但是依然存在于这个世界。所以，我想通过这个实验说明的第一个问题就是：物质不灭，火不会消灭一切。"

> **趣味小知识：**
>
> 物质不会无缘无故地产生，也不会凭空消失，只会从一种状态转化成另一种状态，这就是物质不灭定律。18 世纪，法国化学家拉瓦锡从实验上推翻了"燃素说"之后，这一定律才得到公认。

氧气的储藏室

"化学实验中经常会用到一种非常精确的天平，对于像苍蝇翅膀那样轻的东西都可以准确称重。如果我们有这样高灵敏度的天平，就可以把每一块磷的重量精确到毫克，称出磷在燃烧前的重量，并与燃烧后生成的物质比较。但是，如果真的要用天平称磷，就必须在玻璃钟罩下操作，并且需要一直输送空气直到磷完全燃尽，然后用一根羽毛把雪花一样的物质刷到一起，再放到天平上称出它的重量。假设我们现在称出了磷燃烧前和燃烧后的重量。想一想，哪一个会比较重呢？

"认为火能消灭一切的人可能会说燃烧后的物质比燃烧前轻，就算火没有把磷彻底消灭，至少消灭了一部分。但是，我已经提前指出了这一错误观念，并且你们也亲眼看到我做过的几次实验，我希望你们有不同的答案。"

约尔坚定地说："我认为，燃烧后的磷比燃烧前重。"

"可以告诉我你给出这个答案的理由吗？"

约尔说："很简单，你说过并且也做过实验，物质燃烧时会与空气中的氧气结合。虽然氧气是一种透明的不可见的气体，但它是物质，所以它会有重量，即使重量微乎其微。燃烧后的磷已经加入了氧气，应该比燃烧前单纯的磷更重。"

"你真是太棒了！"保罗叔叔称赞道，"磷的重量前后是相等的，但是因为燃烧后的磷加入了燃烧时所化合的氧气的重量，所以燃烧后的磷一定比燃烧前重。如果有一架精确的天平，就可以得到令人信服的证据：它会告诉我们玻璃钟罩里像雪花一样的东西比燃烧前的磷更重。磷在燃烧时，玻璃钟罩里生成的物质吸收了氧气，并且把氧气储存在里面。这时的氧气不再是看不见的气体，它变成了固体物质的一部分，能被看见、被触摸，而且只占据了很小的空间。它在发生化合反应后被收集和压缩到尽可能小的体积内。

"任何物质在燃烧时都会发生类似的化学反应，一旦燃烧，就变成了一个储存氧气的小储藏室。把燃烧后生成的物质合在一起，如果没有遗漏的话，一定比燃烧前要重，超出的重量是因为氧气参与了燃烧的过程。大部分燃烧后形成的物质都变成了氧气的储藏室，想要夺走氧气必须使用强硬的手段，但是也有少量物质会轻易地把氧气放出来。我们后面会利用这种能够轻易释放出氧气的物质提取纯净的氧气，但现在我们先结束磷燃烧实验吧。"

磷燃烧后的"雪花"

"这些像雪花一样的物质主要是从易燃的磷中得到的，但不能燃烧，温度再高的火焰也不能让它燃烧，因为大多数燃烧后形成的物质都不会再燃烧了。磷既然已经与足够多的氧气化合，那它所生成的物质自然就不会再与氧气化合了，所以这些'雪花'燃烧的可能性极低，几乎完全没可能，可以用实验证明这一点。"

保罗叔叔在燃烧的炭火上撒了一些'雪花'，然后把炭火吹得很旺，但是这些'雪花'完全没有要燃烧的迹象，可见它已经没有可燃性了。

保罗叔叔说："如果你们还不知道化合物和组成化合物的单质的知识，可能会觉得这个实验奇怪，因为原来很易燃的物质现在却不能再燃烧了。其次，盆里的'雪花'一点臭味都没有了，而磷却散发出一股浓烈的蒜味。不过你们不要用手去触摸这种物质，更不要放到嘴里，因为它的性质活泼，你们接触到一定会痛得叫起来。"

"真的有这么可怕吗？"埃米尔问。

"是的，非常可怕，甚至比一滴熔化的铅滴到舌头上还疼。"

"可是这些白色的粉末看上去一点都不可怕啊。"

"我们不能只凭外表做出判断，无害的外表可能隐藏着危险。只有保持警惕，才能有所防备。要知道，在化学实验中极少有可入口的东西。不过，我还是可以拿一些粉末溶解在水中，减轻尝味时舌头的不适，让你们感受一下味道。"

保罗叔叔说着，拿出一根羽毛将盆里的白色粉末扫到一杯清水中。粉末落在水中，发出了'咝咝'的声音，好像将烧红的铁块放入冷水中一样。

埃米尔说："它的温度一定很高，要不然也不会发出'咝咝'的声音。"

"发出声音不是因为热，这些粉末一点都不热，温度很正常。我说过，燃烧后的磷非常喜欢水，当时我借助生石灰除去了空气中的水蒸气，便得到了这种白色固体粉末。现在我又把这种粉末放入水中，因为它溶解得非常迅速，所以就发出了'咝咝'的声音。"

"你们看，白色粉末已经都溶解在水中了。从外观上看，这杯水并没有发生变化，但是你们可以试着伸一根手指进去，不用害怕，用指尖蘸点水尝一尝吧！"

两个孩子想起一滴熔化的铅滴到舌头上的比喻，有些犹豫。于是保罗叔叔率先用指尖蘸了一些溶液放到舌尖上。孩子们看到后，胆子大了起来，也跟着尝了尝。

特别提示：

　　部分化学药品危害性极大，能致人死亡或对人体造成严重伤害，切勿品尝或嗅闻！

但是他们马上就皱起眉头，大声叫起来："怎么这么酸啊，比醋还酸！如果叔叔没有用水把它冲淡的话，真不知道会酸成什么样。"

"你们的舌头现在是不是觉得很酸麻？这是因为接触到溶液的部分会立刻被这种活泼的物质腐蚀，可能还会听到一种'咝咝'的声音，好像热铁和唾液接触一样。"

"这么酸，真的不是醋吗？"

"虽然它的味道和醋一样，但真的不是醋。这种物质除了刚才说到的性质外，还有一种性质，我们必须测验一下。我从花园里采来了一些紫罗兰，拿一朵放进这有酸味的液体中，它会立刻失去本来的蓝色而变成红色。实际上，所有像紫罗兰这样的蓝色的花都会在这种酸液中变成红色。以后有时间，你们可以采鸢尾花和风铃草来做实验。

"我要补充说明一下，大部分非金属单质，如硫、碳、氮等，当它们和氧气化合时，或者说当它们燃烧时，就会形成这类有酸味并且能使蓝色花变成红色的化合物。在化学上，我们称这种化合物为'酸酐'（即干燥脱水的酸），称它的水溶液为'酸'。为了区别，各种酸酐或酸都会加上这种酸酐或酸的元素名，比如磷燃烧后产生的雪花一样的白色粉末叫作磷酸酐，它的水溶液叫作磷酸。"

第 8 章　金属燃烧实验

铁的燃烧

　　花园里所有蓝色的花都被孩子们用磷酸试了一遍，它们全都失去了本来的颜色，变成了红色。而其他颜色的花，比如黄的、白的、红的，浸入磷酸后都没有变色。孩子们试验了一段时间后，保罗叔叔就叫他们把磷酸拿来做新的实验。这次的实验装备是一个炽热的小风炉、一块干电池壳和一把旧的铁汤匙。另外，还有一瓶手指大小的散发灰色金属光泽的物质，看上去好像一束细长的丝带。孩子们也看不出来这是什么东西，保罗叔叔也没告诉他们，想等合适的时机再公布答案。

　　"之前的实验中，我们遇到过一个难题，就是如何从混有氮气的空气中提取纯净的氧气，今天我们继续研究这个问题。我们知道酸酐是由各种非金属燃烧生成的，特别是磷酸酐，其中储藏着很多从空气中夺来的氧气——这是我们解决问题的第一步。我们今天的实验比昨天更有趣，会让你惊诧不已。如果我们完成了这个实验，就能掌握提取纯净氧气的方法了。现在我们开始讲各种物质的燃烧吧！

　　"磷燃烧的确非常漂亮。火焰会发出耀眼的光芒，还会生成像雪花一样的磷酸酐。不过，我们用火柴时已经见惯了磷的燃烧，所以见到这种景象并不会觉得十分新奇和惊喜。其实，众所周知的易燃物质，燃烧起来大多如此。但是，你们今天将看到被认为不能燃烧的金属燃烧起来。"

　　埃米尔诧异地问："金属？"

　　"你没听错，就是金属！"

"可是金属是不能燃烧的呀！"

"谁告诉你金属不能燃烧呢？"

"没有人告诉我，但在日常生活中，我没见过金属燃烧。例如钳子、火铲都是金属的，就算放在最炙热的火焰中也不会燃烧起来。还有火炉也是金属制成的，在冬天它的内壁会被烧得通红，但从未见过火炉自己燃烧起来。要是金属能燃烧，整个炉子不是早就着火了吗？"

"埃米尔，你是不相信金属可以燃烧这一说法了？"

"是的，我无法相信。你还不如直接告诉我水也可以燃烧得了。"

"也是有可能的哦。将来有一天，我会证明给你们看，水也是能够燃烧的。"

"真的？水也能燃烧？"

"是的，水中含有最佳的燃料。我一定会展示给你们看的。"

埃米尔听叔叔这么坚定地说，没有再说什么。对他来说，理解金属燃烧还是有点难，只能等着看实验了。

保罗叔叔接着说："你之所以没有看到铁质的钳子、火铲、火炉燃烧，是因为没有足够高的温度。如果能达到足够高的温度，它们就会燃烧起来。事实上，你们不是没有看到过金属燃烧，只是没有留心罢了。有的时候经过铁匠铺，能看到铁匠从熔炉中夹出一根烧红的铁条，一暴露在空气中就会向四面八方放射出烟花般的火花，照亮了昏暗的铁匠铺。你们想过这些飞溅的火花是什么吗？它们就是铁条上掉下来的一些铁燃烧时飞速划过空气造成的。所以，埃米尔你现在相信金属可以燃烧了吗？"

"原来是真的啊，我相信了。许多看起来不可能的事情，都在化学中变成了可能。"

"我还要告诉你们，爆竹厂制作烟花的时候，如果想让烟花放射出各种颜色的火花，焰火制造师们就会把火药与各种各样的金属屑混合在一起。想要绿色火花，加铜；想要白色火花，加铁。每一粒金属屑一遇到火就会变成火花，这就是烟花会放射出五彩缤纷的火花的原因。等过几天，我带你们到铁匠铺做铁的燃烧实验，所以关于铁我就不再多说了，只举一个明显的例子来加以说明。

"你们都试过用钢铁或者小刀在燧石上打出明亮的火星吧，其实这些火星就是被打下来的小铁粒因为震动产生的热量而燃烧起来，向四周飞溅。另外，磨剪刀时也会有火花飞出，马蹄踏在石子上也有火花飞出，都是相同原理。可见，铁的燃烧实在是一件挺普通的事情。"

锌的燃烧

"我现在来讲另外一种叫作锌（Zn）的金属。这是一块从用过的干电池上剥下来的外壳——原料就是锌。它的表面看起来是灰黑色，如果用小刀刮一下，可以看到里面类似银的金属光泽。

"想让锌燃烧起来很简单，只需要一些燃烧着的炭火就可以了。金属和我们常见的可燃物一样，有容易燃烧的，也有不容易燃烧的。比如，磷一碰到火就会燃烧，硫次之，木炭最不容易燃烧。同样，铁需要达到锻造的温度才能燃烧，而锌只需要几块炭火的温度就足够了。还有些金属比锌更容易燃烧，后面我们就会看到这种金属。

"现在，我们开始做锌的燃烧实验吧。首先，我剪下一些锌片放在铁匙里，再把铁匙放在炭火上。这个实验会解答你们的疑问。"

保罗叔叔安排好一切后，等了一小会儿，锌就像铅一样很快地熔融了，等铁匙被烧得通红的时候，保罗叔叔把炭火拨到了一边，用一根粗硬的铁丝在熔融的锌中搅动，这样就能使锌与空气充分接触。接着一股绚烂的淡蓝色火焰从熔融的锌中喷薄而出，而且随着搅动的快慢，火焰也忽明忽暗。孩子们惊奇地看着锌燃烧后发出的光芒，接着火焰中飘出一种像鹅毛般的物质，轻轻飘浮在空中。见此情景，孩子们更加觉得神奇了。这种鹅毛般的物质真的会让人们误以为是秋日清晨的原野上飘着的白色冠毛。同时，熔锌的表面也聚集了一层纤细的白绒，这些白绒随着热气缓缓上升，飘满了整个房间。

保罗叔叔说："这些白色绒毛就是燃烧后的锌，也就是锌与空气中的氧气化合生成的化合物，它和锌的关系正如磷燃烧实验中'雪花'和磷的关系。我们等它足够多时，再来检验它的性质。"

约尔帮叔叔搅动着铁匙中的锌，埃米尔吹着飘浮在眼前的白绒，轻轻地，让它们在屋中曼舞。不一会儿，铁匙中的熔锌燃尽，所有的锌都变成了白绒。等到铁匙逐渐冷却，保罗叔叔把残留物倒了出来，继续说道："现在你们看到的白色物质就是燃烧后的锌，如果你们用舌头尝一尝，就会发现它们是淡而无味的。"

埃米尔还记得上次尝磷酸的酸味，不禁小心翼翼地用舌尖尝了一下。尝过后，他肯定地说："确实没有味道，跟沙子、木屑差不多。"

约尔接着说："我也没尝出味道。为什么燃烧后的磷，也就是磷酸那么酸，而燃烧后的锌一点味道都没有呢？"

保罗叔叔说："那我们就来研究一下为什么没有味道吧。我把这些锌燃烧后的白色物质倒进一杯水中，然后用勺子搅拌一下。你们看，它没有溶解在水中。你们还记得燃烧后的磷可以溶解在水中，还会发出'咝咝'的声音吗？"

"当然记得，磷酸溶解在水中时还伴有像炽热的铁块进入水中的'滋滋'声。"

"我们可以梳理一下：燃烧后的磷易溶于水，有很浓的酸味；燃烧过的锌不溶于水，没有任何味道。同样的道理，糖和盐都易溶于水，都有味道，糖水有甜味，盐水有咸味。而石块和砖瓦不会溶于水，也都没有味道。现在，你们从这些事实中能得出什么结论？"

约尔说："我知道了，物质有味道的前提是必须能溶于水。"

"正是如此。任何有味道的物质，不管是浓烈清淡，还是酸甜苦咸，必须要溶于水。不溶于水的物质是不会有味道的。所以，一种物质想要让人有味觉感受，除非它本身就是一种液体，否则必须让舌头产生感觉——能溶解在唾液中。物质一旦溶解在唾液中，就会分解成极小的微粒，刺激味觉器官，使人感受到味道。我们都知道唾液的主要成分是水，如果一种物质不溶于水，那么它一定也不溶于唾液，因此也就没有味道。你们一定要记住这点：如果你们看见一种物质不溶于水，就不用尝它的味道了，因为它不可能有味道。但如果能溶于水，它就一定有味道，不过有时候味道很淡，几乎无法尝出来。

"总结一下：锌燃烧得到的白色物质不溶于水，所以没有味道；磷燃烧得到的白色物质溶于水，所以有浓烈的酸味。"

埃米尔说道："真是很浓烈啊，它酸得就像咬掉了我的舌头一样。叔叔，我还是想知道，燃烧后的锌不能溶于水，尝不出味道，但是锌到底是什么味道呢？会像磷酸那样浓烈吗？请叔叔告诉我们吧！"

"这个问题不仅我无法回答，任何人都回答不了，因为谁也没尝到过它的味道。我只能告诉你它的味道不会让你太舒适，因为 99% 的化学品都是如此。"

镁的燃烧

"现在我要做另外一个金属燃烧实验了，也是今天的实验中最有趣的部分。那边的小瓶子里放着实验材料。"

"就是那些丝带似的灰色东西吗？"埃米尔问。

"对。"

"可是它看起来不太像会燃烧的样子。"

"不要被外表所欺骗哦，让我们来实验下吧。"

说着，保罗叔叔把那条灰色丝带从瓶子里拿了出来。它又长又薄，还富有弹性，有点像钟表上的发条，用小刀划一下还能留下痕迹，里面露出了闪亮的金属光泽。

"孩子们，现在你们能确定它是一种金属了吧。"

"看起来像铅或者锡。"埃米尔说。

"我觉得更像锌或者铁。"约尔说。

保罗叔叔说："你们说的都不对，这是一种你们从没见过甚至都没听说过的金属。"

"那这种金属叫什么？"埃米尔急切地问。

"镁（Mg）。"保罗叔叔答道。

"真是一个特别的名字啊，我们确实没听过。"

"其实你们没听过的名字还有很多呢，比如铋（Rg）、钡（Ba）、钛（Ti）。"

"叔叔说的这些也是金属吗？"

"对，它们也是金属。因为你们是第一次听到它们的名字，才会觉得奇怪。听习惯了，就会觉得它们和铜、铅的名字一样普通。我以前说过，金属有 70 多种，其中有很多是我们在日常生活中用不到的，所以我们不会经常听到它们的名字。"

"通过刚才的实验我们知道，燃烧的炭能使锌燃烧，而镁的燃烧只需要一点烛火就可以，然后能自行燃烧殆尽，并且发出耀眼的光芒。"

埃米尔问："这个镁从哪里可以买到？我想买点来玩儿。"

"镁不是常用金属，主要用于科研、化学实验、摄影等方面，只有在药店①或者科学用品商店才能买得到。我们实验中用的镁就是从药店买的。"

说完，保罗叔叔就点燃了一根蜡烛，为防止日光影响镁燃烧的光芒，他还拉上了窗帘。然后，他割下一小块镁，用钳子夹住一端，将另一端凑近烛火。他还在桌子上铺好一张纸，准备接住镁燃烧后掉下来的灰烬。果然，镁条一遇到烛火就燃烧了起来，立刻放射出耀眼的光芒，把屋子里所有的物体都照得透亮。镁燃烧得很安静，也没有火星飞溅。孩子们都好奇地注视着它燃烧。火焰逐渐逼近钳子，燃烧后掉下来的灰烬像石灰粉一样。没几分钟，镁条燃烧完了，光焰也熄灭了。

孩子们揉着被强光刺激到的双眼，兴奋地叫道："真漂亮！太耀眼了！"

特别提示：

　　在作者生活的年代，人们还不太了解强光对视力的危害。小朋友们在平时一定要注意科学用眼，避免长时间直视强光。

保罗叔叔拉开窗帘，让阳光重新照进屋里。

埃米尔仍然揉着眼睛，说道："为什么我看不见东西了？我几乎被镁燃烧的火焰给弄瞎了。"

约尔也说道："我也是，我眼花得就像盯着太阳看了半天一样。"

保罗叔叔安慰他们说："等过几分钟，你们就能从镁燃烧的强光造成的视觉疲劳中恢复过来。"

果然，埃米尔的眼睛不久就恢复正常了。他马上说出了刚才想到的问题：

---

　　①　在作者所处的时代，药店一般兼售化学用品。——译者

"镁燃烧时，我看到了烛光，感觉它原本还非常明亮，却突然变得如此暗淡，几乎都要看不到了呢。"

保罗叔叔问："如果你在太阳光下点燃一支蜡烛，还能看到烛火吗？"

"看不见，就跟在镁光下一样苍白暗淡。"

"这是因为，如果眼睛受到强光刺激，将无法再看见昏暗的东西。如果完全暴露在阳光下，我们甚至无法分辨煤块是否在燃烧。将黑暗中发光的火焰转移到强光中，就显不出它的光芒了。

"现在你们应该已经相信金属可以燃烧了吧。铁燃烧时飞溅的火花、锌的火焰、镁的强光，都是很好的证据。而且，最后一个实验告诉我们，有些金属燃烧时还能发出耀眼的光芒。如果不是因为镁价格昂贵和稀有，我们完全可以用镁条来照明，比如摄影时就用到了镁作为发光物质。"

燃烧后的金属

"现在让我们来研究下镁燃烧后生成了什么。镁燃烧后掉落在纸上的灰烬是一种白色固体，像细腻的石灰粉，不溶于水，没有味道，除了含有镁之外，还含有一切物质燃烧后都会含有的相同物质——氧，所以这也是氧的储藏室。我们可以找到一个方法从中提取氧，但是实施起来并不容易。

"最后我们归纳总结一下之前学到的知识：铁能燃烧，在铁砧上敲打炽热的铁时会发出火花，这些火花就是燃烧的铁。如果我们有机会从铁匠铺里收集到这些燃烧后的铁，就会发现它是一种黑色物质，看似坚硬，却能被手指轻易碾碎，这种黑色的物质或者说燃烧后的铁，称为四氧化三铁（Fe_3O_4）。

"锌也能燃烧，燃烧后会变成像鹅毛一样的白色物质飘浮在空中。这种白色物质或燃烧的锌，称为氧化锌（ZnO）。

"镁也能燃烧，燃烧后会变成白色粉末，像细腻的石灰粉，摸起来质感光滑。这种燃烧后的镁，称为氧化镁（MgO）。

"一般说来，金属都具有可燃性，少数金属除外。金属燃烧时会与氧气化合成完全无金属光泽的化合物，这种化合物叫作'金属氧化物'。就像酸酐是燃烧后的非金属一样，金属氧化物是一种已燃的金属，两者都含有氧元素。"

> **趣味小知识:**
>
> 　　金属氧化物在日常生活中应用非常广泛，如常用的干燥剂生石灰（也可用于消毒），用作红色染料的氧化铁（Fe_2O_3），还有一些工业过程中应用的催化剂也是金属氧化物。

第 9 章　需要知道的盐类

特殊的金属——钙

上次实验后，保罗叔叔用纸将镁燃烧后产生的白色物质包了起来，以备后续使用。今天，保罗叔叔把纸包打开给孩子们看。他说："只从外表看，这种物质很像粉笔灰或面粉，但是从性质来说，更像是石灰粉末。石灰是一种看上去粗糙、形状不规则的石块，如果把它放进水中，就会吸水膨胀，然后分裂成一个个小块，最后散为白色粉末，像燃烧过的镁一样。我们说石灰和燃烧后的镁相似并不是没有依据，因为石灰也是一种燃烧后的金属。"

埃米尔不相信："什么？石灰也是一种燃烧后的金属？可是我从来没听说过石灰是燃烧金属制成的。"

保罗叔叔继续说："石灰当然不是单纯燃烧金属制成的，如果我们真的燃烧金属制作石灰，那石灰的价钱肯定非常昂贵，水泥匠可不敢用这么贵的石灰来混制三合土了。"

约尔说："我知道石灰是怎么制成的。人们将石头和焦炭堆放在石灰窑里，然后点火焙烧，石灰就制成了。"

"是的，人们用的石头其实叫作石灰石（$CaCO_3$），其中含有石灰和一些杂质，在燃烧的过程中这些杂质会被火'逐'出，只留下纯净的石灰。所以说，石灰确实是燃烧后的金属，是在金属与氧气的结合中产生的。石灰颗粒是在煅烧中形成的，就像从炽热的铁上飞溅下来的火花、从燃烧的锌中飞出的白绒、镁燃烧后落下的白色粉末。总之，石灰是一种金属氧化物。

"其实，这种金属的燃烧早在地球形成之初就已经发生了，其氧化物的产生并不是人工所为。自从人类有历史记录以来，人们从没有在自然界中发现过单独存在的这种金属。这种金属几乎无处不在，又千变万化，几乎可以和所有物质化合成各种不同形状的化合物。所以，想要探测到这种金属的存在是一件非常困难的事情，想要从化合物中分离出纯净的金属就更加困难了。这里有一小撮燃烧后的镁，那里有一小撮石灰粉，你们观察下这两种物质有什么区别。"

孩子们仔细检验后说："我们没有看出任何区别，这两种物质都像白色的面粉一样。"

"其实我也看不出区别。"保罗叔叔说，虽然我们都知道它们是不同性质的物质，但是由于它们外表的相似，我们三人的看法一致。现在，我们认为这些粉末是一种金属氧化物——科学家也这样认为，就像那些粉末是镁的氧化物一样。"

约尔问："石灰中的金属叫什么呢？"

"它叫钙（Ca）。"保罗叔叔回答道。

"那叔叔可以给我们看看钙吗？"

"啊哈，不行啊，孩子们。我们简陋的实验室可买不起这么贵重的东西。并不是因为钙很稀少，其实它随处可见，整个山脉都是由大量的钙构成的。但是想要得到纯净的金属钙，提炼过程很难，花费也很高，因此钙的价格也跟着昂贵起来，而你们的叔叔现在还没能力购买呀。但是我可以给你们描述一下钙的性质：它是白色的，散发着银色光泽，像软蜡，也可以说像橡皮泥那样，能用手捏出各种形状。"

埃米尔听完非常诧异："钙是金属，还能像橡皮泥一样想怎么捏就怎么捏？"

"对，你没有听错，钙是一种非常柔软的金属，可以用手捏来捏去，随意做出各种造型。"

"那我可以用钙捏一个银色小人儿了。"

"可以，不过这个小人儿恐怕比真银做的塑像还贵呢。实际上，你们没有办法用手随意揉捏钙，因为钙比你们见过的任何金属都'凶猛'，非常易燃。想想，当你们正在捏着钙做造型时，它突然就燃烧了起来，会是什么感觉？"

"那真是太可怕了。"

"所以你们一定要记住：钙一遇到水就会燃烧。燃烧的煤、硫、磷都可以用水扑灭，钙正好相反，它会因为水而燃烧起来。你们别不相信这些，这可是千真万确的。在下面的课程中我会告诉你们，水并不是你们想象的那样，总是可以灭火。不过，这也要看叔叔的经济实力是否能实现这个实验呢。"

"为什么会与经济实力有关系呢？"

"因为实验中需要购买一种像钙一样，可以在水中燃烧的金属。"

"这么说还有别的金属也可以在水中燃烧了？"

"是的，还有三四种。"

"可以让我们看到一种吗？"

"还不确定，不过我会尽我所能让你们见识一下。"

"我们继续说埃米尔想用钙做塑像的愿望吧。你们已经知道，钙遇水就会燃烧，因此可以推断出，如果用带着湿气的手捏钙会有多危险。所以，就算我们有了钙也不能拿在手里玩儿，最好把它放在瓶子里，让它安静地待着，这样最安全。"

神奇的石灰水

"现在，我们讲一讲石灰，也就是钙的氧化物。我们知道石灰有一种铁、锌、镁的氧化物所没有的特殊味道，涩而且很浓烈，仿佛会让舌头烧起来一样。石灰之所以会让舌头感觉到强烈的不适，是因为它不仅具有燃烧性，还有腐蚀性或者叫灼烧性。如果我们长时间将石灰拿在手里玩儿就会腐蚀手部皮肤。可见，它是一种危险的物质，应该避免与其长时间接触。

"既然石灰有味道，那它应该溶于水。事实也确实如此。不过石灰的溶解性很差，只能使水呈现出让人难以忍受的涩味。如果我们先将石灰捣成粉状，再一点一点溶解在水中，就会产生奶白色的溶液，静置一会儿会发现，没有溶解的石灰沉到了底部，上层的水又变得清澈了。在清澈的水中，我们虽然看不到石灰的痕迹，但其实里面有溶解后的石灰，如果你尝一尝就能感受到和石灰一样的味道。这就像糖溶解在水中，虽然看不到，但是能尝到甜味。"

保罗叔叔边说边做实验证明刚才的结论。他让孩子们去尝尝石灰水的味道。埃米尔用指尖蘸了一点放在舌尖上，舌头马上感到一阵热辣的涩味。他皱着眉恨不得马上吐出来，接连吐了几次口水。

保罗叔叔又说道："这是我刚从花园里摘的紫罗兰，之前实验中我们演示过，你们自己也做过很多次实验，把这种蓝色的花放进非金属氧化物的水溶液中，比如磷酸中，花会变成红色。现在，我们把这朵蓝色的花放进金属氧化物的水溶液，它会变成什么颜色呢？石灰水会告诉我们答案。"

保罗叔叔拿了一朵紫罗兰，放进一个有石灰水的杯子里，只见这朵蓝色的花变成了绿色。

埃米尔非常惊奇："化学好像一个染料厂，之前你用一点点磷酸就让紫罗兰从蓝色变成了红色，现在又用石灰水把蓝色变成了绿色。等我以后多学点化学知识，要做各种颜料来画画。"

"当然可以啊，想做多少都没问题，因为化学教会我们怎样使一种无色物质与其他元素化合，变成一种有色物质；还教会我们如何使一种有色物质褪去颜色或者变成其他颜色。其实，制造染料也是化学工业的一个重要组成部分。既然说到了这个内容，那我索性再多说一些。酸可以把蓝色变成红色，石灰水可以把蓝色变成绿色，这两种既迅速又彻底的变化让你们了解到怎样利用化学生产出画家和染房用的许多不同的颜料。

"紫罗兰已经在石灰水的作用下变成了绿色，现在我再把它放入一杯含有几滴酸的水中。之前磷燃烧后制得的磷酸已经用完了，现在我所用的酸是硫燃烧之后形成的酸，叫作硫酸，后面我们再详细去了解硫酸。你们现在再看看水中的花吧，它又变成了红色，好像从来没有被浸入过石灰水似的。如果再放回石灰水中，它还可以再变成绿色。如果反复试验，紫罗兰就会重复遇酸变红、遇石灰水变绿的过程。

"虽然石灰作为钙的氧化物有这样的特性，但是铁、锌、镁的氧化物却不会如此。金属氧化物之所以会有这样的性质，和它们是否有味道是同一个道理。因为石灰能溶于水，所以呈现出涩味，就可以作用于蓝花，使之变成绿色；但是铁、锌、镁的氧化物不溶于水，没有味道，就不能作用于蓝花，使之变成绿色。"

"由此可见，只要金属氧化物可以溶于水，就一定会和石灰一样具有涩味，能使蓝花变绿。这一事实毫无例外。"

综上所述，非金属氧化形成的非金属氧化物（即酸酐），如果能溶于水，那么这种水溶液就会有酸味，能将蓝花变红，所以它是一种酸。金属氧化形成的金属氧化物，如果能溶于水，这种水溶液就会有涩味，并且能让蓝花变绿。

> **趣味小知识：**
>
> 当石灰水中存在较多未溶解的熟石灰时，往往被称为石灰乳或石灰浆。建筑上常用石灰浆粉刷墙壁；在树木上涂刷含有硫黄粉等的石灰浆，可保护树木，防止冻伤，并防止害虫生卵；农业上可用石灰乳与硫酸铜等配制成具有杀菌作用的波尔多液作为农药使用。

化学中的盐

"一种酸和一种金属氧化物可以化合成另外一种化合物，而这种化合物的性质与酸或者金属氧化物必然不同。你们还记得吧？之前我们讲过，由两种物质化合而成的化合物，它的性质与原来的两种物质不同。磷酸味道酸，石灰味道涩，是性质很强烈的两种物质，但是磷酸和石灰化合后会变成一种什么新物质呢？我猜你们永远也想不到，它们化合后的物质不仅无害，还是构成动物骨骼的主要成分。

"如果我们扔一根羊腿骨到火中，它会燃烧起来。但实际上，这时燃烧的是附着在骨头上的油脂或其他包裹骨头的动物组分，等火焰逐渐熄灭后就会看到颜色灰白的骨头原形，而且其质脆易碎，这是骨骼的主要构成成分。因为燃烧之后，其他杂质已经被火去除，剩下的只有不能燃烧的白色物质了。

"现在，化学告诉我们，骨头燃烧后得到的白色物质，与磷酸和石灰化合后产生的物质十分相似。如果把这些白色的物质研成粉末，尝一尝，就会知道它既不酸也不涩，所以这种物质让人感觉既不含磷酸又不含石灰。它的水溶液对紫罗兰或者其他任何蓝色的花都不起作用，不会使蓝花变红或变绿。总之，酸和金属氧化物的性质它都没有体现出来。骨头里这种由磷酸和石灰组成的物质叫作磷酸钙 $[Ca_3(PO_4)_2]$，又叫磷酸石灰，它含有磷、钙和氧三种元素，是一种三元化合物。

"世界上其实有许多由酸和金属氧化物组成的类似的化合物，它们在化学上均称为盐，所以骨头燃烧后得到的白色物质也是一种盐——它就是磷酸钙，一种含钙的磷酸盐。"

孩子们听保罗叔叔说这也是一种盐的时候，惊诧地问："盐都有咸味，但是骨头没有呀，怎么说它是盐呢？"

保罗叔叔说："你们可能没注意到，我并没有说它是食盐，我只是说它是一种盐。你们所说的盐指的是做菜的时候用来调味的盐。而在化学中，一切由一种酸和一种金属氧化物化合而成的化合物都叫作盐，无论它的味道、形状、颜色如何。

"化学中的盐，味道、形状、颜色不尽相同，但是大多数从外表上看与厨房里用的食盐相似：都是无色、透明、易溶于水的。这种表面上的相似也是盐类有这样的统称的原因。另外，有的盐是蓝色的，因为含有铜的氧化物；有的盐是绿色的，因为含有铁的氧化物；还有红色的、黄色的、紫色的盐，几乎什么颜色的盐都有。但是味道和食盐相似的却很少，有的苦、有的酸、有的涩，总之大部分都不美味。而且很多盐都不溶于水，所以没有味道，如构成骨骼的磷酸钙、作为建筑材料的砂石、制作石膏的烧石膏等。"

埃米尔听完说："我懂了，从化学的角度看，构成骨骼的盐、建筑材料中的盐、制作石膏的盐和菜肴中用到的盐完全不同啊。"

"是的，它们完全不同。化学上的盐随处可见，不管是路上的石子、山中的岩石还是田野中的泥土里，都含有盐类。"

"这么说，化学中的盐有很多种了？"

"对，有一些数量比较多，大部分是岩石的主要成分。碳酸钙（$CaCO_3$）就是其中一种，它是砂石、石灰、大理石以及很多矿石的主要组成成分。"

"那烧石膏在化学中叫什么呢？"

"硫酸钙（$CaSO_4$）。这些名词的意义你们还不大明白，我们以后会讲到。现在，我们继续讲一些化学语法方面的知识。"

化学语法

"化学还有语法？"

"是的，化学也有语法。不过不用担心，化学的语法比较简单，很容易学会。我们从酸类开始讲。通过前面的实验我们知道，燃烧后的非金属溶于水就成为一种酸，比如磷燃烧后溶于水，成为磷酸。根据这个实验我们可以总结出一条化学语法：在组成某酸的非金属名字后面加上一个酸字，就是某酸的名称。

"再举一个例子，我们之前说过氮气是不容易与氧气化合的，但是可以用一种巧妙的方法克服这种困难，使这两种元素化合。那么，这样的酸应该叫什么酸呢？"

埃米尔说："按照化学语法应该叫氮酸吧。"

"是的，但是你们应该注意：习惯上，人们都把氮酸称为硝酸，因为在以前这种酸是用一种天然的氮氧化合物——硝石制成的。还有氯，你们还不认识，这是一种非金属物质，你们再试着按照化学语法为它的酸命名吧。"

"氯酸。"

"完全正确，就是氯酸。"

"哇，原来这么容易呀，以此类推，用碳组成的酸就叫碳酸，硫组成的酸叫硫酸。"

"对，看来你们已经明白了酸类的命名方法了。下面我们说一说金属氧化物的命名方法。锌和氧化合后叫氧化锌，铜和氧化合后叫氧化铜。按照这个规律，某金属和氧化合后的产物应该叫氧化某。同样也要注意几种氧化物，人们习惯上使用沿用很久的俗名，比如氧化钙俗名叫石灰。

"还剩下盐类的命名方法没有讲。我们知道一种酸和一种金属氧化物可以化合成盐，盐的命名方法也根据这个而来。凡是某酸和氧化物化合而成的含氧酸盐，就叫某（非金属）酸某（金属）。举个例子，碳酸和氧化钙化合而成的盐就叫碳酸钙。"

埃米尔说："我明白了。磷酸和氧化钙化合而成的盐就叫磷酸钙，硫酸和氧化钙化合而成的盐就叫硫酸钙。"

　　"对，看来你已经掌握这种命名方法了。关于化学语法，我们今天就先讲到这里吧。"

　　"是讲完了吗？"

　　"还没有，但是最重要的都已经讲过了。"

　　"那还是很好学的。"

　　"对呀，我早就说过很容易学的啊。"

第 10 章　制取纯净氧气

准备含氧丰富的氯酸钾

第二天，保罗叔叔又继续谈论他的话题。

他说："我们之前曾讨论过制取纯净氧气的事，后来又讲了别的内容，但是我并没有忘记这件事。现在我们已经可以解决这个问题了。我们已经知道盐本身是由酸和氧化物化合而成的，所以我们可以用盐制取助燃的氧气，但是我们需要研究选哪种盐来制取氧气。因为大多数盐类的结合都相当紧密，想让它们放出氧气相当不容易。化学家告诉我们：有一种叫作氯酸钾的盐类物质，含氧丰富而且易于分解。"

说着，叔叔把一瓶像小鳞片一样略微透明的白色物质放在了孩子们面前，说："这里面就是我从药房买来的氯酸钾（$KClO_3$）。"

埃米尔说："它好像炒菜用的盐啊。"

"是的，确实有一点儿像。但是两者的性质完全不同：首先，氯酸钾没有盐的咸味；其次，氯酸钾中含有大量的氧，而食盐中没有。现在，我还是要提醒你们一点：我们之前说的酸和盐都含有氧，但是化合物中还有一些不含氧的酸和盐，食盐就是这样的盐。而且很多盐看着都与食盐相似，是无色透明的。盐类也是因为长得相似而得名。"

"也就是说，氯酸钾里面含有能够支持物质燃烧的氧了？"

"对，氯酸钾中不仅含有氧而且含量还很高。只用瓶中这点氯酸钾粉末就可以提取出几升纯净的氧气。回想一下我们之前说过的化学语法，试着解释一下氯酸钾这个物质。"

约尔说："从名字来看，氯酸钾是由氯酸和氧化钾化合而成的。我没见过氯酸，但是听名字我就知道它含有非金属氯和助燃的氧。"

保罗叔叔说："我先补充一下，这种非金属叫氯，食盐中也含有氯。你继续说说氯酸钾这个名字还告诉了你些什么？"

约尔继续说："如果我没弄错的话，这种盐含有叫作金属钾的氧化物。所以，氯酸钾是由氯、氧、钾三种元素组成的化合物。"

"确实如此。你们还没有见过氯和钾这两种元素。氯称为氯气，是一种有毒的气体；钾是金属，和钙相似，但是质地比钙更软，遇水更易燃，木柴的灰烬中就含有钾。但是我们今天先不讨论氯和钾，你们只要记住：不论多么普通的物质，只要用化学方法检验一下就会得到很多新奇的现象。

"我们再来说一下氯酸钾，它非常容易分解，稍微加热就能释放出氧气。红头火柴中就有氯酸钾助燃。"

说着，保罗叔叔就把氯酸钾粉末撒在了炭火上。只见氯酸钾粉末马上产生气泡，逐渐融化，然后炭火变得旺盛起来，就好像用风箱在吹似的。

埃米尔惊讶地问："为什么一撒上氯酸钾粉末炭火就烧得旺盛起来了？就算用风箱吹一天也不一定能烧得这么旺。"

保罗叔叔说："因为风箱吹出来的只是空气。之前我们说过，空气中含有大量不助燃的氮气，而助燃的氧气比较少，所以风箱吹出来的空气助燃效果会差很多。而氯酸钾受热分解出来的是纯正的氧气，助燃效果当然更好了。"

保罗叔叔一边说一边又往炭火上撒了一些氯酸钾粉末，让埃米尔和约尔好好观察易燃的碳酸钾是怎么产生气泡、释放氧气助燃的。

约尔看完忽然想起一件事，便问保罗叔叔："有一天我在花园里玩，无意间发现潮湿的泥墙上长了好多白色发霉的东西，就用小木片把它们刮下来仔细看了一下，是白色粉末状固体，别人告诉我这种物质叫作硝，可以用来制作火药。我也把这种粉末撒在了炭火上，炭火也烧烧得旺盛起来，效果跟撒了氯酸钾一样。那是不是说明硝也释放出了氧气？"

"你从泥墙上刮下来的确实是硝，就是我们之前说的用来制造硝酸的硝石，化学上称它为硝酸钾（KNO_3）。看名字就知道它也是一种盐，是硝酸和氧化钾化合而成，含有大量氧。这些氧一部分来自酸，一部分来自氧化物。

所以，将它撒在炭火上会有助燃的效果。由此可知，从泥墙上得来的硝和氯酸钾发生了同样的作用：它们都会分解，然后释放出大量助燃的氧。但是硝酸钾没有氯酸钾那样容易分解，所以硝酸钾并不适合获取氧气。想要硝酸钾分解出氧气，仅凭加热是不够的，还需要和一些可燃物比如木炭直接接触才有效果。但是，用这样的方法制取的氧气又会立即被可燃物中的碳元素夺去，生成新的化合物。所以我们还是无法收集到氧气。氯酸钾恰好相反，仅需加热就能释放出氧气。"

约尔说："我还有一个问题。"

"尽管问，我很乐意为你解答。因为我知道，只有经过缜密思考才能提出有价值的问题。"

约尔说："将氯酸钾撒到炭火上后，它首先熔化，然后产生气泡、释放氧气，最后只剩下一小块不能燃烧的白色颗粒。这种白色物质是什么东西呢？"

"你的问题非常棒，这是一个很重要的问题。这剩下的不能燃烧的白色颗粒物是氯酸钾受热分解得来的。氯酸钾最初含有三种元素——氯、钾和氧，现在氧已经消失了，只剩下了氯和钾，它们结合成了与氯酸钾完全不同的化合物——氯化钾（KCl）。"

"借此机会给你们讲一个新的化学语法：各种非金属可以与各种非金属化合，化合物一律称为某化某：前一个某代表非金属，后一个某代表金属，比如氯和钾的化合物叫作氯化钾。"

制作制取氧气的装置

"好了，我们再说回制取氧气的问题吧。利用氯酸钾制取氧气最容易，对于你们这样的实验新手也毫无困难。首先，需要找到一种玻璃容器作为分解的发生场所，应尽可能选择粗矮的、薄的玻璃瓶，而且瓶壁和瓶底厚度要一致。玻璃瓶越薄，因突然的温度变化而破裂的可能性就越小。你们看这个玻璃杯：杯底有你们手掌那么厚，但其他地方却很薄。如果用它先装冷水，再装热水，或者先装热水，再装冷水，都极有可能发生破裂。反之，如果是一只薄厚均匀的杯子，做相同的实验则会完好无损。所以，我们需要先找到一个很薄的玻璃瓶，而且瓶底、瓶壁薄厚均匀，实验成功与否就看它了。"

埃米尔说："可是我还是觉得厚实的瓶子更结实。"

"如果就撞击或熔化而言，确实应该选厚瓶子。但这个实验不涉及撞击问题，因为实验中我们不会让容器撞到任何坚硬物体；也不用考虑是否容易熔化的问题，因为氯酸钾分解所需的热量不足以熔化玻璃瓶，甚至不足以使玻璃瓶变软。但是我们需要防止温度骤变引起破裂，所以必须选择很薄的玻璃瓶。"

"如果盛有氯酸钾的玻璃瓶在炭火上破裂了，怎么办？"

"那也没关系，只不过是氯酸钾会掉落在炭火上，释放出大量的氧，让炭火烧得更旺盛而已。"

"接着我们要怎么办呢？"

"我们就需要换一个瓶子啦。如果实在找不到合适的瓶子，就只能用化学仪器中的烧瓶了（图 10）。烧瓶是一种透明的圆形玻璃瓶，瓶颈和你的手指一样长，可以在药店买到。你们看，这就是我买来的烧瓶。"

图 10　烧瓶

"它看起来好像鱼缸。"

"其实，如果有大小合适的鱼缸，当然也可以拿来用。不过，要把烧瓶中的气体导入到钟形玻璃罩内，还需要一根导管，这是别的东西无法替代的。这种导管也是玻璃做成的，虽然也能买到现成的弯曲玻璃管，但是价格昂贵，我们可以自己做一个。仪器店里可以买到各种直玻璃管，我们只需要买一根铅笔粗细的无色玻璃薄管就可以了，无色玻璃管比绿色玻璃管更容易烧软。

"现在，已经有买来的直玻璃管了，可以按照下面的步骤操作：

"首先，把直玻璃管切成想要的长度。先用三角锉刀在要切断的地方锉出一圈痕迹，然后双手握住玻璃管，把有痕迹的地方抵在桌子边缘，轻轻用力一压，玻璃管会立即断成断面平整的两截。接着，需要把切下来的直玻璃管加工成适合实验的形状。也很简单，只需要对玻璃管上要弯曲的各点进行加热软化，再慢慢弯曲就可以了。如果玻璃易熔，只需要用炭火就可以，但想要弯成直角，就必须使用酒精灯了。

"酒精灯一般用金属或玻璃做成杯子或容器的样子，里面装酒精，有一根棉质的粗灯芯，露在外面的一端可以点燃。双手各握住玻璃管的两端，将玻璃管需要软化的部分放在火焰上，同时不停转动使玻璃管受热均匀。当玻璃管软化到足以弯曲时，就稍稍用力弯曲它，然后让它慢慢冷却定型。

"再拿一个有孔的塞子，将弯曲的玻璃管与烧瓶相连。这个塞子必须与玻璃管和烧瓶瓶口完全密合，以保证气体不会从缝隙中逸出（图 11）。下面我会告诉你们制作塞子的方法。

图 11　带有软木塞的弯曲玻璃管

"选一个质地细腻、形状规整的软木塞，有孔洞或腐蚀斑点都不行。拿石块、锤子等重物轻轻敲几下，让它变得柔软有弹性。然后，找一根一头磨尖的粗铁丝在火上烧红后，迅速纵穿软木塞，穿出一个小孔，再用锉刀将小孔锉大。这种锉刀叫鼠尾锉，因为它长得有点像老鼠的尾巴而得名。鼠尾锉是圆形的，它的直径不能比玻璃管穿过软木塞的直径大。用鼠尾锉小心地锉大小孔，直到玻璃管刚好可以在轻微的压力下穿过软木塞。接着，再将软木塞拿起来，用粗平锉把外侧锉到刚好能插入烧瓶的瓶颈中。最后，再用细平锉锉光滑，让软木塞与瓶颈密合。

　　"你们在做实验的时候一定要注意，不能用刀子代替锉刀，不管多么锋利的刀子都不行。因为如果软木塞削得不平整，就会漏气。要成功完成实验，一个紧密的塞子是必不可少的。所以，以后我们实验室也要常备这四种锉刀：一把细三角锉，用来给玻璃管刻出划痕，以便将其折断成想要的长度；一把圆鼠尾锉，用来锉大软木塞上铁丝穿出的小孔；一把粗平锉，用来打磨塞子的外沿，锉出初步合适的形状；一把细平锉，用来将软木塞打磨得圆整平滑。"

　　保罗叔叔一边说一边演示着。比如，如何在酒精灯火焰上弯曲玻璃管，如何穿软木塞的小孔，如何使用锉刀，怎样打磨表面等，他都一一示范。不一会儿，一切都准备就绪了。

　　保罗叔叔说："现在我们可以开始做实验了。但是我还要强调一下：要使氯酸钾分解释放氧气，本来只需加热就可以，但是越到后面，氯酸钾的分解会越难，如果想让氯酸钾完全释放出氧气，必须加热到能熔化烧瓶那么高的温度。而在这个温度下，烧瓶有熔化的危险。化学家告诉我们，如果往氯酸钾里面加入一种黑色物质，会促进氯酸钾的分解，这种黑色物质叫作催化剂。催化剂的作用和机器上使用的润滑油一样。如果机器上加了润滑油，那么机轴转动得会更灵活，轮轴也更易于旋转了。氯酸钾里加了催化剂，不用那么高的温度也能分解，这样实验中使用炭火就可以了。

　　"那促使氯酸钾分解的催化剂是什么呢？可以肯定它是一种不可燃的物质，或者是一种已经燃烧过的物质，或者已经与氧化合而不能再燃烧的物质。对于我们这次实验来说，最好选择二氧化锰（MnO_2）——一种黑色粉末状，存在于矿石中的金属氧化物。二氧化锰价格便宜，在药房中可以买到。锰本身是一种像铁一样的金属，纯净的锰在自然界中是非常罕见的。锰与氧化合后，会生成各种不同的金属氧化物，其中二氧化锰最常见。

　　"我先在纸上撒一大把氯酸钾粉末，再撒少量的二氧化锰，将两者混合后放进烧瓶中。接着将带有软木塞的弯曲玻璃管插入烧瓶中，放在三脚架上，然后放在炭火上加热。

　　"在实验开始之前，我们还需要先解决一个小难题。我们制取的氧气需要通过倒置在水盆中装满水的广口瓶来收集，所以必须将弯曲玻璃管的自由端直接插入倒置的广口瓶的下方。这样做的话，必须使广口瓶保持倾斜。要是实验时间太长，我们一直用手拿着就太费劲了，所以最好能给倒立的广口瓶找一个支架。可是，用支架支撑起广口瓶以后，如何让烧瓶上的导气玻璃管与广口瓶保持通畅呢？其实很简单，找一个底部有孔的花盆，去掉花盆的上半部分，让花盆的高度跟茶杯差不多，花盆边缘不整齐也没关系，只要能平稳地倒立在水中，水平支撑倒立的广口瓶就可以。最后，我们把这个花盆倒立在水盆中间，将广口瓶倒立在花盆底的孔上，将弯曲的玻璃管从花盆侧边缺口处伸进去。这样氧气就会经过玻璃管，然后通过花盆底部圆孔进入装满水的倒立广口瓶中。

　　"好了，我们今天的主题讲完了，我主要想介绍清楚这个装置。我向你们保证，虽然今天的准备工作会很枯燥，但是在明天的实验中会得到很多的收获。现在请你们再去抓一只麻雀来，不过我可以保证在后面的实验中我不会弄死这只小鸟。"

用氯酸钾制取氧气

　　虽然保罗叔叔反复在说氧气，但是约尔和埃米尔仍然没弄明白氧气到底是一种什么样的气体。现在，终于可以看看大名鼎鼎的氧气了。

　　保罗叔叔要将氧气从氯酸钾中释放出来，做各种有趣的实验。埃米尔满脑子想的都是氧气，连睡觉都梦到，还梦见烧瓶和弯曲的试管一起在炭火旁跳着各种奇怪的舞蹈，而关在玻璃橱窗里的氯酸钾和二氧化锰正在好奇地看着它们。看到梦中出现的场景真实地呈现在眼前，埃米尔禁不住笑了。

　　没过一会儿，虽然烧瓶里的物质并没有发生明显的变化，但水盆中玻璃管末端却开始冒泡。之前准备用来做支撑物的小花盆被放置在水盆特定位置。一个两三升容积的广口玻璃瓶盛满水，倒立在花盆底面上。气体就从花盆底下的小孔升到玻璃瓶中。等气体充满玻璃瓶的时候，保罗叔叔就把一只杯子没入水中，将玻璃瓶口放进杯中，以保证氧气一点也不会逸出来（图12）。做完这些之后，保罗叔叔将装满气体的玻璃瓶连同水杯一起取出，以备下次实验之用。然后，他又拿出另外一个玻璃瓶放在盆里，重复刚刚的实验，就这样一共收集了 4 瓶气体。

图 12　制取氧气

埃米尔说："这一把氯酸钾中含的氧真多啊。"

"确实不少，这 4 瓶气体大概有十多升呢。"

"这十多升氧气都是氯酸钾分解的吗？"

"是的，都是那一把氯酸钾分解出来的。我以前不是说过，这种盐是氧的储藏室吗？氯酸钾中储藏着数量极为丰富的氧，只是被化合反应收集并压缩成了小包储存在那里。现在烧瓶中的氧还没有完全释放，我希望能把这个罐子也装满。"

说完，保罗叔叔就拿出一个曾经盛放糖果的玻璃罐，装满了水，倒放在水盆中的花盆底上。孩子们看了忍不住直笑。

保罗叔叔接着说："你们觉得糖果罐不能拿来装氧气吗？可没有这个规定，只要做实验合适，用便宜点的东西也没有关系。看我们现在的装置，实验的效果也会很好，并不会比在设备充足的实验室里差。

"你们看这个带底的玻璃筒，就是化学家们使用的计量器。我要趁烧瓶中还有剩余氧气的时候再将这个计量器充满。现在你们仔细看，水中的气泡缓慢地上升，可知烧瓶中的氧气在逐渐减少。但是烧瓶中混合物的形状却没有太大变化，我放进去的二氧化锰还留在里面。虽然二氧化锰并没有什么变化，但是通过均衡加热促进了氯酸钾的分解。而氯酸钾现在已经释放出所有的氧，它变成了我们昨天看到的那种白色物质。简而言之，它变成了氯化钾。现在，我们就用收集的这些氧气做实验。先从计量器里的氧气开始。"

第 11 章 氧气的有趣实验

蜡烛复燃实验

保罗叔叔像之前那样，在水底先用手捂住了倒立的计量器口，从水盆中移出来后立起来放在桌子上，再用一片玻璃盖住。然后，他又取来一根插在弯曲铁丝上的蜡烛头，像以前做氮气实验那样。保罗叔叔点燃了蜡烛头，等火焰变得明亮时又将它吹灭了，但是烛芯依然还有些没有完全熄灭的火星。

保罗叔叔说："虽然蜡烛已经熄灭了，但是烛芯上还有残留的火星，现在我把这个蜡烛头伸入装着氧气的计量器中，你们仔细看。"

说着，保罗叔叔揭开了盖住计量器口的玻璃片，将蜡烛头伸了进去，只听"噗"的一声，蜡烛头又燃烧起来，异常明亮。然后，保罗叔叔再将蜡烛拿出来吹灭，在烛芯带有一点火花时放入氧气中，蜡烛又是"噗"的一声燃烧起来。就这样一次又一次，每次蜡烛都伴着轻微的爆裂声重新燃烧。

埃米尔边看边兴奋地拍手，说："氧气和氮气同样存在于我们每天呼吸的空气里，但性质却截然不同呢。氧可以让刚刚熄灭的火焰重新燃烧，可是氮却可以把正在燃烧的火焰扑灭。叔叔，能让我试着做这个有趣的实验吗？"

"当然可以，不过我得提醒你，计量器里的氧气快要用完了，蜡烛每次复燃都会消耗一点氧。"

"那边不是还有 4 瓶氧气吗？"

"那是我准备做更重要的实验用的哦。"

"那我该怎么办呢？"

"你可以用糖果罐里的氧气来做实验，把糖果罐当成计量器就好了。"

"好的，就听叔叔的了。"

"这个实验，不管是用计量器还是用糖果罐，效果都一样。但是我为什么坚持让你用糖果罐呢？因为我想让你们体会到，就算最常见的器皿也可以用来做各种有趣的实验。做实验的专业计量筒不太容易买到，几乎算得上是一件实验奢侈品了。可实际中，想要做这个实验，只需要一个广口的能让蜡烛头伸进去的瓶子或者罐子就可以了。好了，埃米尔，开始你的实验吧。"

埃米尔把糖果罐放在桌子上，学着做保罗叔叔刚才所做的实验，一次次地吹灭又重新点燃火焰，实验效果比用计量器更好。

保罗叔叔问："是不是用糖果罐也不错？"

"没错，非常棒。"埃米尔开心地说。

"所以，我们要关心的应该是容器里的物质而不是容器本身。只要装着的是氧气，蜡烛就会重新燃烧，不管是化学家用的计量器还是家里用的糖果罐，都没有太大关系。这个实验就到这里吧，就让蜡烛在氧气中尽情燃烧吧，你们会发现它很快就会燃尽。"

蜡烛在罐子中肆无忌惮地快速燃烧着，火焰不像在空气中燃烧时那样平静，而是更明亮、炽热。蜡烛滴下大滴的蜡油，而大部分蜡烛是被熔化的而不是燃烧掉的，这也是为什么足够在空气中燃烧一个小时的蜡烛在氧气里几分钟就燃尽了。终于，火焰因为缺氧而熄灭了。

石蕊试纸实验

"我们先稍微休息一下。你们已经知道可以通过酸味、将蓝色的花变成红色这些特征辨认出酸。但是，依靠味道辨别酸是靠不住的，因为有时候酸的味道很淡甚至无法察觉。通过使蓝花变红来检验是一种更好的方法，可是如果鉴别的是弱酸，花也很难变红。因此，化学家们找到了一种对酸更加敏感的地衣类蓝色植物。这种植物生长在树皮或者岩石上，叫作石蕊，它含有的蓝色色素对酸十分敏感。化学家们用石蕊制出了石蕊药片，将一块石蕊片溶解在一点点水中，就会得到淡淡的蓝紫色液体，这就是石蕊试剂；还用一种疏松的纸制出了石蕊试纸，药店里就有出售。

"用石蕊试纸就可以很方便地鉴别出酸类，它遇到酸时比蓝色的花朵更容易变红。这个小盒子里装的就是石蕊试纸。你们看，我用玻璃棒蘸一点硫酸滴在石蕊试纸上，试纸马上就变成红色，证明那个瓶子里装的是一种酸。"

约尔问道："既然石蕊试纸能被酸变成红色，那它应该也可以像紫罗兰那样被溶解的氧化物变成绿色，这样它就可以帮助我们辨认某种物质是否为氧化物。"

"你的推测虽然听起来很有道理，但实际并非如此，石灰和其他可溶性的金属氧化物并不能使石蕊色素变成绿色。但是，石蕊色素遇酸变红，遇到可溶金属氧化物能恢复到蓝色，所以石蕊试纸有两种：一种是本来颜色是蓝色的石蕊试纸，另外一种是已经遇酸变红的红色石蕊试纸。其实选一种试纸就可以，但是为了更方便实验，一般实验室会准备两种试纸。现在，我蘸一点石灰水滴在变红的试纸上，这张试纸又变成蓝色了。如果再滴一滴酸，试纸又会变成红色。再滴上石灰水，还会变成蓝色……这种从蓝变红又从红变蓝的变化可以无限进行下去。所以，现在我们有了一种非常完美的材料来检验某种物质是酸还是金属氧化物——将蓝色石蕊试纸变红的是酸，将红色石蕊试纸变蓝色的是金属氧化物。

"如果没有买到石蕊试纸，可以用蓝花替代。采摘一些蓝色花朵，放在容器中捣烂，再加水调匀，制成浅蓝色的水溶液，就可以替代石蕊试纸了。这个水溶液遇酸会变红，遇可溶金属氧化物会变绿。但是还要注意，弱酸是不能使这个蓝色水溶液变红的，所以最好还是用石蕊试纸做实验。"

趣味小知识：

　　严格来讲，在室温及 1 标准大气压下，pH 值高于 8.3 时红石蕊试纸才会变蓝，而 pH 值低于 4.5 时蓝石蕊试纸才会变红。换句话说，pH 值介于 4.5 及 8.3 时红蓝石蕊试纸是不会变色的。所以，在测试接近中性的溶剂时，用石蕊试纸会不大准确。

硫黄在氧气中燃烧实验

"好了，现在我们继续实验。我们要在收集氧气的瓶子里燃烧一些物质，观察它燃烧的样子。先用硫黄来实验一下。

"按照在充满氮气的瓶子里燃烧磷和硫的方法，找一小块碎瓦片，用铁丝绕成圈裹住它。将铁丝插在一个大的软木塞上，这个塞子不仅可以盖住瓶口，还可以使碎瓦片固定在瓶子的特定位置。铁丝的另一端必须露出软木塞，方便上下调节碎瓦片的位置，让它保持在瓶子中央，能与氧气充分接触。如果没有软木塞，用一小块厚厚的圆形硬纸板放在瓶口上也可以。"

完成了这些准备工作后，保罗叔叔小心地将倒立的大瓶子与杯子一起移到水盆中，在水底拿开杯子，并用手捂住瓶口。这样就可以把瓶子取出，立放在桌子上，而不使里面的氧与外界的空气接触。接着，保罗叔叔将一小片玻璃作为临时瓶盖盖住了瓶口，又在碎瓦片上放了一点点硫黄。然后，保罗叔叔点燃了硫黄，并将瓦片伸入瓶中，由软木塞固定着悬浮在瓶子中央。

大家都知道，通常情况下硫黄燃烧得很慢，而且火焰也很微弱。因而两个孩子看到瓶中的情景都很惊讶。实验之前，叔叔就关闭了百叶窗，外界光线无法照进房间，因此硫黄的燃烧就显得格外壮观。硫黄燃烧时发出一道奇妙的蓝紫色光芒，使整个房间充满了奇妙的光辉。

埃米尔兴奋地拍手大叫："太漂亮了，太漂亮了！"

硫黄燃烧产生的臭味从瓶中溢出，充满整个屋子，让人窒息。当火焰熄灭后，保罗叔叔赶紧打开了窗户。

"好了，硫黄已经耗尽了瓶中的氧气。你们已经清楚地看见硫黄燃烧时的景象，我就不再细说了。火焰告诉我们，硫黄在氧中燃烧比在普通空气中放出更多的热，火焰也更明亮。那么我要问问你们：刚刚燃烧过的硫，它和氧化合形成的物质是什么？我们的嗅觉告诉我们，硫黄和氧气生成了一种无色有刺激性气味的气体，这种气体能让人咳嗽，与火柴燃烧产生的气体一样。我们用石蕊试纸检验一下，这到底是什么物质。但是在这之前，我需要先将这种气体溶解在水里，因为干燥的物质是不能使石蕊试纸发生变化的。我在瓶子里加了一些水，摇晃几下，这样瓶中的气体很快就溶解在水中了，再蘸取几滴水溶液滴在石蕊试纸上。你们看看，试纸变成红色了，这说明了什么呢？"

约尔说："我知道，水溶液是一种酸，说明硫黄燃烧之后形成了一种酸。"

埃米尔接着说："这种气体无法仔细品尝，也看不到，用石蕊试纸检验倒是一个非常方便的方法。"

"确实非常方便，"叔叔赞同道，"我们想知道一种看不见摸不着却又真实存在着的物质，是非常困难的。但是有了石蕊试纸，就能马上知道'它是一种酸'。"

"那它能不能告诉我们溶液是不是有酸味？"

"当然了，凡是能让蓝色石蕊试纸变红的物质都有酸味。"

"但是怎么确定石蕊试纸告诉我们的一定是真实的呢？"

"你们可以蘸一点尝尝。不用担心，这里面含有很多水，味道很淡。"孩子们学着保罗叔叔的样子，蘸了点液体品尝，味道果然有点酸。

埃米尔说："确实有点酸味，但是比较淡，没有磷酸那么浓烈。"

"就算只有一点点酸，但是既然有酸味，就说明它是一种酸。可见我们的味觉和石蕊试剂都可以证明，硫和氧结合以后形成了一种酸。这是一种看不见的气体，它的气味会让人咳嗽，它的名字叫亚硫酸（H_2SO_3）。"

约尔说："你告诉过我们另一种从硫中生成的酸叫硫酸。那么，硫可以生成两种酸，是吗？"

"是的。硫可以生成两种酸，一种含氧量少，酸味更淡一点，酸性也更弱一点，叫亚硫酸；另一种含氧量多，酸味更浓，酸性更强，叫硫酸（H_2SO_4）。仅仅在普通空气中或者纯氧中燃烧，硫只能获取一定量的氧，因此就变成了亚硫酸。但是在化学上，通过间接的办法，硫可以和氧充分化合，这样就形成了硫酸。我们已经讲了很多关于硫的知识了，下面让我们看看碳在纯氧中燃烧是什么样子的。"

木炭在氧气中燃烧实验

保罗叔叔把一小块木炭绑在铁丝的一端，另一端穿过作为盖子的圆形厚纸板。然后，他点燃了木炭的一小角，把它放进之前准备好的装满纯氧的瓶子里。

木炭在氧气中燃烧的景象也非常漂亮。木炭开始只有点燃的那么一点火星，但是一放入瓶子里，就变成一束明亮、炽热的火焰，并且很快蔓延到整块木炭，很快把木炭变成了一个耀眼的小熔炉，发出强烈的白光，还"噼噼啪啪"地向各个方向飞射小火花，仿佛瓶中下了一场流星雨。从木炭进入瓶中到完全燃烧只是瞬间的事儿，这是在普通空气中怎么也做不到的。

埃米尔目不转睛地看着这漂亮的奇观，说："只要把木炭放在风箱口，它也会像在瓶子里一样燃烧，发出这种炽热光芒和火星。"

保罗叔叔接着说："这是当然的。风箱吹出的是空气，是混合着大量氮气和少量氧气的空气。虽然氮气会减弱氧气助燃的效果，如果能持续迅速地通风也能使木炭炽燃，看起来就好像瓶子里的效果一样。"

最后，瓶子里的氧用完了。没有燃烧的木炭渐渐熄灭了，最终变为黑色。刚才关上的百叶窗又被重新打开，阳光照射了进来。

保罗叔叔问："燃烧后的木炭变成了什么呢？这是我们现在要解决的问题。

"现在瓶子里剩下了一种看不见的气体，几乎闻不到气味儿，如果只因为看不到闻不到可能会判断瓶子里什么都没有。但是，如果我们进行检测就会发现有一个明显的变化。首先，木炭在瓶子里开始燃烧得非常旺盛，现在却已经不能燃烧了。那么就算我们把点燃的蜡烛放进去也不会再燃烧了。我来试一下，你们看！果然还没到瓶颈蜡烛就突然熄灭了。所以，可以确定瓶子里已经没有氧气了。如果有的话，蜡烛一定会燃烧得更旺。

"再做一个实验。我往瓶子里倒一点水，摇晃一下，让气体溶解在水中，再倒几滴到蓝色石蕊试纸上，试纸变成了淡红色。由此可知，这个水溶液也是一种酸，而瓶中无色无味的气体则是一种酸酐，性质与氧气不同。这种不同非常明显，只可能是木炭（或者是碳）和氧结合形成的。因此我们可以得出一个结论：瓶子中这种我们看不见的无色气体中至少含有微量的碳。"

埃米尔附和道："那是肯定的。但是如果是以前，有人跟我说这种像空气一样看不见的气体中有碳，我一定不会相信。是吧？约尔。"

"对啊，很难相信我们看不见摸不着的东西里面含有碳。如果不是保罗叔叔一步一步引导我们做实验，只是告诉我们这瓶看不见的东西中含有碳，我们一定会非常震惊，难以相信。现在证据确凿，我们完全相信。燃烧木炭已经把氧气变成了另一种气体，这种气体可以使蓝色石蕊试纸变成红色，因此这种气体一定是一种酸。叔叔，你还没有告诉我们它的名字是什么。"

"你们可以试着用知道的化学语法，找出它的名字。"

"哦，是这样的，我都要忘了。木炭就是碳，加了一个酸酐就成为碳酸酐——这就是碳燃烧后生成的气体的名字。碳加了一个酸就是碳酸——这是气体水溶液的名字。"

埃米尔又说："碳酸也有酸味吗？"

"当然，只是酸味很淡，而且瓶子里的水又很多，所以它的酸味几乎尝不出来。这也是为什么蓝色石蕊试纸只会有一点淡淡的红色，也不能完全变红。以后有机会再用实验给你们证明碳酸也是有酸味的。"

铁在氧气中燃烧实验

"现在让我们拿出第三瓶氧气做实验吧。我准备在这瓶氧气中点燃铁，并不需要像铁匠打铁那样把铁在熔炉中烧到炽热，我会用一根火柴点燃铁，就像点燃爆竹一样。"

埃米尔好奇地问："铁能这样被点燃吗？"

"当然可以了，点燃爆竹也没比点燃铁更容易。这一个坏了的手表发条，是我从钟表匠那要来的废品。这样又薄又平的带状发条是最合适做实验的，因为它的表面可以尽可能多地接触氧。如果找不到发条，找一根最细的铁丝也可以。首先，用砂纸把发条表面的锈污擦去，放在炭火上加热，这样它会变得柔软一些。然后，我把发条缠绕在铅笔上，呈螺旋形，并将一端钉在作为瓶盖的圆形厚纸上，另一端卷住两根火柴，并拉长发条，使带火柴的一端可以伸到瓶子中央。如果是用铁丝做实验，也要按照个步骤做准备，不能省略。"

所有的准备工作都已经妥当，第三瓶氧气也已经直立地放在桌子上。但是在准备这瓶氧气的时候，并没有把瓶中完全充满气体，而是在瓶底留了几厘米高的水。埃米尔看着瓶中的水有点不放心地说："瓶子中还有一些水呢。"

"不用担心，这些水是有用处的。要是没有水，我们还得特意倒进去一些。为什么要用水，很快就会知道了。关上百叶窗，我马上就要开始做实验了。"

关好百叶窗，屋子变得暗了下来。保罗叔叔点燃火柴，将螺旋形发条伸进瓶子中，火柴立刻发出耀眼的光芒。接着，旧发条也开始燃烧，迸射出明亮的火星，就像放烟花一样。这种由铁燃烧生成的不可思议的火焰，随着螺旋发条向上蔓延，噼里啪啦的爆裂声伴随着整个过程。已经燃烧过的部分都熔融凝聚为小球，发出耀眼的光芒。小球的体积越来越大，滴了下来，掉落在水中发出'呲呲'的声音。接着又有一颗一颗依次从发条上滴落下来。大滴的熔融物在水中没有立刻熄灭，要不是水起了冷却的作用，高温会把玻璃瓶熔穿。

孩子们凝神注视着铁的燃烧。熔融金属滴落在水中发出'呲呲'声，水没有办法立刻熄灭它们，旧发条燃烧时剧烈喷溅的火花像下雨一样，组成了一幅奇异的景象。埃米尔甚至有一些害怕，用手遮住脸，显然他以为会发生可怕的爆炸。但是一切都安静地结束了，只有瓶子上出现了几道裂纹。保罗叔叔说："这个实验也可以用砂砾完成。"

"埃米尔，现在你相信铁可以燃烧了吧？"

埃米尔回答："我完全相信。铁不仅可以燃烧，而且燃烧得又快又猛烈，就像是小型的烟花表演一样。"

保罗叔叔又问："约尔，你对这个实验有什么想法？"

约尔说："我觉得这个实验比镁燃烧更有趣。镁对我们来说不常见，所以它燃烧时的火焰并没有让我们多惊奇。但是铁我们经常见到啊，都觉得铁不会燃烧，所以看到它可以被点燃的时候都觉得非常惊奇。而且最让我惊奇的是，那些熔化的铁滴在水里之后还是红色的。"

"这些滴落在水里的熔融物并不是铁，而是铁的氧化物。等下我从瓶子里拿出几颗给你们看看。它是一种很容易被捏碎的黑色物质，但是铁就不可能被手指捏碎。它的脆弱性告诉我们：它含有另一种元素——氧。当铁匠打铁时，你们会看到黑色易碎的碎屑飞出来，这也是铁的氧化物。你们注意看，瓶子的内部有一层发光的红色微尘，以前并没有。这种红色微尘看起来像什么？你们知道是什么物质吗？"

约尔说："看颜色像铁锈。"

"对，就是铁锈。你们要记住，铁锈就是铁和氧的化合物。"

"那瓶子里是不是有两种铁的氧化物？"

"没错，是两种，但是含氧量完全不同。在瓶底的黑色物质含氧量比较低，堆积在瓶子内壁上的红色物质含氧量比较高。这个问题我现在不会详细说明，因为以后我会专门谈到。现在，你们注意观察瓶底的裂痕和嵌在厚玻璃上的黑色物质。"

埃米尔说："当时这种氧化物一定非常烫，所以它们落进水里还熔化了玻璃。我以前看到铁匠把烧红的铁块放进水中，可是一到水里就立即熄灭了。"

"这么说，在瓶子中留一些水是非常正确的呢。"

"是的！否则瓶底会被熔穿的。"

"不仅如此，这个瓶子甚至可能因为突然的高热而爆裂。旧发条的第一滴熔融物落下时，瓶子就会破碎，实验也就终止了。幸亏当初留了一些水，现在瓶子虽有裂痕，但还是可以继续使用。"

氧气中的麻雀生存实验

收集的第四瓶氧气还没用。麻雀在笼子里一边吃着面包屑一边蹦蹦跳跳，注视着他们的实验，一点都没有当"囚犯"的害怕。但是，现在轮到它要亲身经历下实验了。保罗叔叔已经向孩子们保证，这次实验不会让麻雀受到生命威胁。

之前，从麻雀的死，孩子们知道氮气不能维持呼吸，还知道火在纯氮气中也不能燃烧。那么，这只麻雀又会告诉他们什么新的知识呢？它会让他们知道呼吸纯氧会有什么影响。保罗叔叔拿出这只麻雀，把它放进第四瓶氧气中。

最初，并没有出现异常情况。过了一会儿，麻雀变得更活泼了。它跳来跳去，扑扇着翅膀，跺着脚，狂啄瓶壁，好像发了狂一样。然后，它呼吸越来越急促，胸部剧烈起伏，张着嘴，看上去已经筋疲力尽了，但它发狂的动作却有增无减。为了防止它有生命危险，保罗叔叔赶紧把它从瓶中拿了出来，放回笼中。过了几分钟，它才慢慢恢复平静。

于是保罗叔叔说："我的实验结束了。由此可知，氧气是一种可以维持呼吸的气体，动物可以在氧气中生存，与氮气的性质完全不同。但是在纯氧中动物的生命力过于旺盛，甚至超出了正常的范围，你们看刚才麻雀兴奋的样子就知道了。"

约尔说："是啊，我第一次看到这么兴奋的麻雀，简直像发了狂一样。保罗叔叔为什么把它从氧气瓶中拿出来呢？"

"因为麻雀再待下去就要死掉了。"

"这么说，氧气也是一种会导致死亡的气体吗？"

"不，氧气可以维持生命。"

"我有点听不懂了。"

"回想一下将燃烧的蜡烛放进纯氧中的情形，是不是在纯氧中燃烧得更猛烈，瞬间就消耗了许多烛脂，而且会发出十分耀眼的光芒，但持续的时间非常短。这跟生命的情况是一样的，在纯氧中生命机器运转的速度过快，经不起长时间消耗，会突然之间损坏，停止运行。你们看，刚才麻雀多么兴奋，现在又是多么的疲惫。要是我不把它拿出来，在那种情况下，这个可怜的小生命会很快停止运转。你们照顾好它，明天我们的实验还需要它。"

第二天，那只极度兴奋后疲惫不堪的麻雀又恢复了活力。此时氧气已经用完了，保罗叔叔让孩子们自己去制取一些氧气和氮气。孩子们听了非常开心，保罗叔叔在旁边指导，他们两个成功收集到了氧气和氮气。那么，新的实验又可以开始了。

第 12 章　空气与燃烧

人造空气

保罗叔叔说："氧气是唯一可以维持呼吸，唯一能维持动物生命，同时也是唯一能支持燃烧的气体。氧气的能力的确非常强大，但是必须加入不活泼的氮气来削减它的威力。我们所处环境中的空气就是这种混合物。

"磷在玻璃钟罩内的燃烧实验告诉我们，空气是由氮气和氧气组成的，而氮气和氧气的体积比是 4 ∶ 1。现在我们要进行相反的实验，用这两种气体组成空气。这一瓶是氧气，那一瓶是氮气。如果我们将一份氧气和四份氮气混合，就会得到跟我们生活在其中的空气一样的气体，可以让蜡烛安静地燃烧，让动物安全地呼吸。要获得这种空气，我们需要用什么方法混合呢？

"这是再简单不过的了，我先在玻璃钟罩内装满水，然后用一满瓶氧气替换其中一部分水。用作衡量标准的瓶子虽然是随机选择的，但是这种瓶子必须大小适中，使两种气体混合后的体积不超过玻璃钟罩的容量。现在，玻璃钟罩内已经有一瓶氧气了，我们再用这个瓶子装四瓶氮气转移到玻璃钟罩内。这样玻璃钟罩内就有四瓶氮气和一瓶氧气这五瓶气体了，这个比例就是磷燃烧实验告诉我们的。所以，玻璃钟罩内的气体和我们呼吸的气体完全相同，我们会在下面两个实验中证明。

"我用一个小玻璃筒装满这种混合气体，然后将点燃的蜡烛伸进去。你们看，蜡烛就跟在普通空气中一样，安静地燃烧着。这是因为'贪吃'的氧气被氮气稀释后，'食欲'减小了很多。

"现在我们再用麻雀做个实验。先把玻璃钟罩内的气体转移到一个大的广口瓶中，然后把麻雀放进去。你们仔细观察下麻雀有什么异常吗？完全没有吧。虽然这只小麻雀进入新的牢笼后，开始有点心神不安，试图逃跑，但没有出现任何呼吸困难的征兆。胸部起伏正常，也没有张嘴大口呼吸。总之，这只麻雀在玻璃瓶内的呼吸与在笼子里完全一样，这说明玻璃钟罩内的空气跟外界空气是一样的。为了让你们更加信服，我会让麻雀在瓶中再待上几分钟，因为在人造的空气中并没有生命危险。"

埃米尔和约尔观察得非常仔细，看到麻雀在人造空气中安然无恙地活着非常吃惊。

保罗叔叔说："可以了，我们已经知道了所有想知道的，把麻雀放了吧。"

约尔拿起瓶子跑到窗边，打开瓶盖让麻雀飞了出去。麻雀带着无比的欣喜，扑打着翅膀飞到了邻居家屋顶上，似乎在给它的同伴们讲述在实验室中的奇怪遭遇。

埃米尔心里想："它是在跟同伴讲在纯氧中会发狂吗？"然后问保罗叔叔："瓶中的空气跟我们呼吸的气体是一样的吗？"

"几乎一模一样，因为这是按照氧气和氮气4∶1的比例组成的，可以维持蜡烛燃烧和动物的生命活动。我们可以用氧气和氮气制造出像呼吸的空气一样的气体。"

"那么，我们能在麻雀能呼吸的人造空气中呼吸吗？"

"当然可以，它和我们周围的空气是一样的。"

趣味小知识：

空气中的氧气浓度在19.5%～23.5%，人能够正常生活。在绝对密闭环境中，氧气浓度达到100%，6分钟内即可致命，19.5%是人体能够承受的最小氧气浓度。

氧的前世今生

"我们竟然能在自己用药品、瓶子、玻璃管等制造出来的空气中生存，真是不可思议。另外，还有一些事情让我感到很奇怪，请你告诉我是怎么回事。我们这里的氧气是从氯酸钾中制取的，你曾告诉我们，很多盐都含丰富的氧，只要不难分解就可以释放出氧气。其中有一种竟然可以建房子，实在是太有趣了。"约尔对保罗叔叔说。

"你说的是碳酸钙吗？俗称石灰石。"

"对，就是碳酸钙，它也有含有氧，是吗？"

"的确含氧，怎么了？"

"既然含有氧，那用石灰石能将氧分解出来吗？"

"可以是可以，但是实际操作起来会非常困难。"

"没关系，只要能办到就行。那我可以认为：化学告诉我们，石灰石能像空气一样给我们提供呼吸的氧气。简直太有趣了！"

"你想得太远了，不过从石灰石中制取氧气这种可能性是存在的。"

约尔听叔叔这么说，诧异地问道："我们真的能呼吸由石灰石制造出的空气？"

"当然可以。麻雀的呼吸器官比我们脆弱多了，都可以在由氯酸钾制取的氧气所合成的空气中呼吸，我们当然更没有问题了。你们得注意，今天某些元素变成一种东西，明天又变成一种，后天又变成另一种，而物质始终没有丝毫的增减。借此机会，我要谈谈这些奇怪的变化。

"工人们在石灰窑中烧制石灰时，会有一种无色透明的气体散逸到空气中，它就是二氧化碳。蔬菜、水果、树木等会通过叶子来吸收二氧化碳作为自己的'食物'。二氧化碳的来源有无数多个，但至少有一种来自石灰窑。植物吸收了二氧化碳后留下了碳，把纯净的氧返还到空气中，变成我们可呼吸气体的一部分。这样来看，谁能否认，我们呼吸的空气中有一部分不是由石灰石——实际上是建筑用石子——产生的氧呢？可见，我们的确在呼吸由石灰石制造出的空气。

"元素会不断从一种化合物跑到另一种化合物中。物质分解时，它们会离开这种物质，然后化合成新的物质。所以，这种可以组成一切物质的元素，一旦从一种化合物中出来，就会出现在另一种化合物中，但其性质却始终没有改变。只要是氧，无论是空气中的还是从氯酸钾中制取的，或者从石灰石、大理石、铁锈中制取的，都具有相同的性质。自然界中氧始终还是氧，既没有增多，也没有减少。因此，这些同一性质的氧，可能会使铁生锈，也可能让木柴燃烧成灰烬，或者变成石头被人丢弃在路旁，又可能进入动物血液循环于血管之中。

"谁知道面包中的碳从哪得来的呢？在变成小麦前是什么呢？在变成小麦后又是什么呢？总之，对于一个气泡中的氧或者一小块石灰，想要彻底弄清楚它们过去和将来所组成的所有物质，是一件不可能完成的事。"

空气的组成

"我们继续说人造空气。刚才，我把氧气和氮气一起放入玻璃钟罩的时候，你们并没有看到异常变化——温度没有上升，也没有发光、发出声音，普通化合反应发生的现象一样都没有。可见，氧气和氮气混合后没有发生相互作用，并不是化合，仅仅是混合而已。

"现在我要告诉你们，氧和氮的化合物和混合物完全不同。它们的化合物的水溶液叫作硝酸（HNO_3），性质猛烈，可以吞噬和溶解绝大多数金属。如果皮肤不小心接触到硝酸，就会立即变黄、坏死，剥落成碎片。由此可知，氧气和氮气只是混合的话，可以帮助我们呼吸、维持生命活动，如果将这两种气体化合成硝酸，就会腐蚀我们的皮肤，甚至危害生命。你们要特别注意，同样是氮和氧这两种元素构成的物质——空气和硝酸，性质却有着天壤之别。这种差别你们以前也见到过，硫黄和铁的混合物与硫黄和铁的化合物的性质完全不同，不是吗？

"所以，空气是氮气和氧气的混合物，氧气能助燃，也能维持呼吸，氮气能帮助冲淡空气中氧气的强大能力。呼吸作用怎么发生的，值得我们认真研究。但现在时机还不成熟，等将来我们有了某些知识储备后，再来详细讲述。现在，我们还是先把注意力集中到燃烧这个问题上来。

"物质燃烧时会与氧化合，所以在每次燃烧反应中，一定存在可燃物质和助燃的氧气。"

通风让火更旺

"想让火烧得更旺盛应该怎么办？我们可以用风箱给木柴、煤炭等燃料鼓风，输送空气。风箱每鼓一次风，火焰就会燃烧得更加旺盛。煤块刚开始燃烧时是暗红色，渐渐变成鲜红色，最后会变成白色。这是因为空气为燃料提供了大量的氧气。但如果我们想让燃料烧得更久一些，该怎么办呢？我们可以用灰烬盖在火上，不让它与空气充分接触。煤块在这种掩盖下的消耗量非常小，可以燃烧很长时间。

"如果要使火焰燃烧得旺盛，释放出大量的热，必须供给充足的空气。烧炭的炉中，燃料如果被灰烬盖住，与空气接触不充分，就会燃烧得很慢，释放的热量也少，但是燃烧的时间长。铁匠铺烧铁的熔炉中，燃料消耗极大，还需要使用强力鼓风机，使燃料剧烈燃烧，释放出大量的热，还能制造出旋风。你们回忆下客厅中的火炉，清理炉灰后装填燃料，将它点燃时，会发出低沉的隆隆声，好像'打鼾'一样。"

"为什么会'打鼾'？"埃米尔问道。

"这正是我想给你们解释的。想象一下，我们打开炉膛门，炉子就会'打鼾'；关闭炉膛门，炉子就会安静燃烧。这是为什么呢？显然，炉膛门打开时，有东西从门中进入炉子，产生了隆隆声。这种东西是什么呢？试着把手放在炉膛门附近，会感觉到一股涌动的气流。所以它一定是空气，在穿过炉底时会发出隆隆的声音。我们把这种现象称为通风。

"通风良好的炉子就会发出隆隆的声音，也就是说，大量空气穿过了燃烧的燃料，所以火焰燃烧旺盛，释放出了大量的热。如果炉子很安静，则说明通风不良，空气进入得非常缓慢，因此炉火非常微弱。所以，炉火是否旺盛取决于空气进入炉子的通畅程度。"

"现在我们来找出通风的原因。拿一张燃烧的纸在炽热的火炉上方挥动，可以看到燃烧后的灰烬螺旋上升，有些甚至飘到天花板的位置。虽然这些灰烬很轻，但自己也不可能飘这么高，一定是因为有上升气流推动的作用。

"空气与炉子接触，受热膨胀，然后会变稀薄，成为上升的气流。热空气不断上升，原来的位置立即被冷空气取代，冷空气再次被炉子加热，然后上升，冷热空气持续交替运动就形成了通风。虽然空气无色透明，但我们根据灰烬的上升，可以推断出气流也在上升。这与水流非常相似，通过平静的水面无法感知水流的运动，但水面上的漂浮物会告诉我们水在流动。

"我还要告诉你们另外一个实验，但是要等到生炉火的时候再做。将手掌大小的圆形纸片剪成螺旋纸带，将螺旋的中心粘在一根线的一端，提着线的另一端，使纸带垂直吊在炉子上方，纸带会下垂成螺旋状。如果炉子是热的，你会看到纸带不停地旋转。这是因为纸带表面与不断上升的热空气流是斜对着的，纸带不断受到热空气流的推力。风车的旋转也是因为它的翼片受到了气流的这种倾斜推力。

"由此可知，空气受热后变轻，不断上升，同时冷空气会占据它的位置。热空气上升的推力让螺旋纸带转动起来。飞到天花板的纸灰也正是受到这股推力的作用。

"现在你们应该明白通风良好的炉子里面究竟发生了什么吧。如果烟囱中、房间内和门外空气的温度完全一致，就不会有通风了。只有在火燃起来后，烟囱中的空气才会因受热而不断上升，形成通风现象。而且，空气越热，烟囱越高就越容易出现通风现象。

"当热空气上升时，较重的冷空气会冲入火焰而变得炽热，一旦受热变轻就会在烟囱里上升。因此，烟囱底部的气流就会不断地升到烟囱顶部。这种气流在通过燃料时，会不断地向炉火提供氧，只要气流受热，氧和碳化合后的气体就会伴着烟雾升到烟囱顶部，散逸到外界空气。烟囱排烟、炉子发出隆隆声都是这个道理。

"通风作用就像一只自动的风箱，只要空气中的氧用尽，就会有新鲜的空气补充进来，维持火焰燃烧。所以，要保持火焰旺盛燃烧，只需遵守这一简单的准则：让新鲜空气自由进入，让燃烧后不含氧或者含氧量很少的空气自由排出，为新鲜空气腾出空间。"

第 13 章　　金属生锈

金属为什么会生锈

　　孩子们在花园里捡了一把生锈的旧刀。如果是几周前，他们才不会在意这块没用的废铁，看都不会看，更别说捡回来。但是，自从听了保罗叔叔讲金属的燃烧，他们看事物的眼光开始有所不同，所以现在他们觉得这块废铁也有了研究价值。知识是思想最好的土壤。无知的人觉得一无是处的东西，见多识广的人则会拿来研究，而且经常会有重大发现。约尔捡起旧刀，发现上面红色的铁锈和铁在氧气中燃烧之后附着在瓶壁上的细小粉末十分相似，于是叫埃米尔也仔细看一下。

　　约尔说："这把旧刀并没有在装满氧气的瓶子里燃烧过，却生成了和燃烧过的旧发条一样的东西，这是为什么呢？我们去问问保罗叔叔吧。"

　　然后，保罗叔叔用实验告诉他们："大部分金属经打磨后，如果一直放着不用，光泽就会渐渐暗淡，表面会慢慢生成一层覆盖物。我们用小刀切开一块铅，切面有银白色的光泽，放置一段时间后再看，切面的光泽就会褪去，最后变成和其他部分一样暗淡无光。钢铁也和铅的情况一样。当一件钢或者铁制的物品刚刚被抛光时，会像银一样闪闪发光。但是在空气中放置一段时间后，其表面会渐渐被淡红色的斑点所覆盖，而且斑点的面积一天天变大，直到覆盖了整个表面甚至深入到金属里面。这一过程叫作生锈。总有一天，金属会变成松脆的红色物质。这就是你们捡到的旧刀变成现在这个样子的原因。

　　"同样，铅也会生锈，只是方式不同。铅生锈是变成一种灰色的泥状物质。

111

我们刚才切开铅之后，那些很快布满切面的暗灰色薄层就是铅开始生锈的标志。同理，锌也会生锈，生锈之后的锌表面是一层暗灰色，而里面仍然是明亮的白色。铜也会生锈，表层会被绿色的薄层覆盖。总之，金属都会生锈。

"金属为什么都会生锈呢？我们不必想太远就可以找到原因。你们已经见过铁在氧气中燃烧后，瓶壁上会附着像铁锈一样的红色物质，实际上这就是铁锈。你们也看见过锌在铁匙中燃烧，它熔化、着火并且变成一种白色片状物质，这就是锌锈。如果把铅放在具有充足空气的火炉中，经过足够长时间的熔化后，铅就会变成一种黄色泥状物质，即铅锈。找一个铜片放在火中，它就会从原有的红色变成黑色，同时伴随着漂亮的绿色火焰，燃烧后形成的黑色物质就是铜锈。总之，各种锈都是燃烧过的金属，它们是金属与氧化合之后产生的，也就是说都是氧化物。

"这些在发光发热的燃烧中产生的氧化物，也就是在绚丽的火焰中产生的锈，与金属表面慢慢形成的锈并没有明显的不同。把一块铁埋在潮湿的土中，表面就会慢慢生成一层红色物质；把另外一块铁放在充满氧气的瓶子里燃烧，瓶壁也会附着一层红色物质。这两种情况发生的化学反应是一样的。或者，一块锌表面被浅灰色的薄层覆盖，另一块锌在铁匙中熔融，燃烧后生成白绒一样的物质，这两种情况的化学反应是一样的，都是空气中的氧与金属化合了。大多数锈都是金属氧化物，或者说是一种燃烧之后的金属，不论燃烧在何时何地发生，不论在这一过程中是否进行加热。我们再举几个例子。

"一块木头长时间暴露在空气中，会渐渐腐烂，逐渐变黑，最终腐烂成棕色木屑。实际上，木头的腐烂是一种迟缓的燃烧过程，和燃烧的不同之处只在于速度的快慢而已。这块腐木也会与空气中的氧化合，放出热量，就像木头燃烧一样。麦堆里面会比较温暖，潮湿的草堆甚至会热得发烫，这都是植物与空气中的氧发生反应的缘故。腐烂的木头也是如此，它处于一种缓慢燃烧过程中，而且缓缓放出热量。"

趣味小知识：

锈是一种比较复杂的物质，铁锈的主要成分是氢氧化铁 [$Fe(OH)_3$]，铅锈的主要成分是氢氧化铅 [$Pb(OH)_2$]，锌锈的主要成分是碱式碳酸锌 [$Zn_2(OH)_2CO_3$]。

迟缓燃烧

"为什么我们感觉不到腐木放出的热量呢？理由很简单。假设一根木头需要 10 年才能腐烂掉，同样大小、同样材质的另一根木头只需要 1 小时就可以燃烧成灰烬。这两个过程都放会出热量，但是前者需要花费十年之久，在这个漫长的过程中热量逐渐散尽，因此很难被察觉到；而后者燃烧时会迅速释放大量热量，当然就能被轻易感觉到。由此可见，虽然二者的化学反应在本质上相同，但是反应的剧烈程度却不一样。一段腐烂的木头、一堆内部发热的潮湿的草、一根燃烧的树枝等，都是燃烧快与慢的不同例子。在这些过程中，空气中的氧都会与可以燃烧的固体物质结合，唯一不同的只是燃烧率。

"我们平时看到的燃烧属于快速燃烧，燃烧时物质会释放大量热和光；生锈或者腐败属于迟缓燃烧，燃烧时不发光而且发出的热量也不易察觉。第一种燃烧剧烈但很短暂，第二种燃烧难以发觉却会持续较长时间。

"生锈和腐败都是迟缓燃烧的结果，不同的是发生在金属中叫生锈，发生在植物中叫腐败。

"当金属暴露于空气中，特别是在潮湿空气中，金属会与氧结合而被氧化，生成金属氧化物。这就解释了为什么旧刀片表面会有淡红色薄层，为什么新切开的铅会立即变暗，为什么锌的里面有光泽而表面却被浅灰色的薄层包裹。淡红色薄层是铁的氧化物，表面变暗的铅是铅的氧化物，而锌表面的浅灰色薄层则是锌的氧化物。总之，金属与潮湿空气长时间接触，表面大多会发生迟缓燃烧，即生锈。

"几乎所有的金属都会被空气中的氧侵蚀生锈。不同的金属锈的颜色不同：铁锈是黄色或红色的，铜锈是绿色的，铅和锌的锈是灰白色的。不同锈的生成难易程度不同：铁最易生锈，其次是锌和铅，接下来是铜和锡，再下来是银，银可以长时间保持其光泽。但是有一个例外，金从不生锈，能永远保持光泽，所以被人们视作贵重金属。古代的金币或金饰，即使在潮湿的土壤中埋藏很多年，出土时仍然干净明亮，就像刚刚制造出来的一样，要是换作其他金属早就完全生锈了。"

第 14 章　铁匠铺里的实验

从水里制取燃料

　　这一天，保罗叔叔带着两个孩子来到了村子里的铁匠铺，准备借这个地方做一个奇怪的化学实验。他想向孩子们证明：水中含有一种比磷、硫更易燃的物质。我们都知道水可以灭火，但是现在保罗叔叔却要从水里制取燃料。约尔和埃米尔都觉得不可能，连铁匠都觉得不可思议，但是他们又充满期待。于是，铁匠把熔炉、工具以及他本人都交给保罗叔叔安排了。尽管如此，在他那张被煤灰弄脏的脸上，还带着一丝顽皮和怀疑的微笑。

　　工作台上放着一个装满水的大瓦缸和一个平底玻璃杯，熔炉中插着一根重铁条。铁匠拉动风箱，保罗叔叔注视着铁条。当铁条被烧红后，他就开始指导铁匠如何进行这个实验。

　　他对约尔说："给玻璃杯装满水，用一只手托着它倒放到瓦缸中，保持瓶口在水面以下。我要把烧红的铁条插入玻璃杯下方的水中。不用担心，不会烫到你的手。你需要将杯子稍加倾斜，以便铁条正好置于杯口下方。但是又不能让杯口露出水面。"

　　保罗叔叔将这一切解释清楚之后，急忙将烧红铁条的一端插进了玻璃杯口的下方。水沸腾了一会儿，同时产生了许多气泡，上升并聚集在倒立的玻璃杯的底部。

　　保罗叔叔说："生成的气体还不够做实验用。你们继续拿好杯子，我还要用同样的方法再获取更多的气体。"

　　说完，保罗叔叔又把铁条放回熔炉中，待烧红后又插入水中。如此反复好几次，收集到的气体也越来越多。实验持续进行着，铁匠也不知疲倦地拉着风箱，和孩子们一样急于知道这个奇怪的实验会有什么样的结果。杯中收集的是什么气体呢？虽然无色透明，看起来有点像空气，但到底是不是空气呢？在铁匠的日常工作中，把烧红的铁条浸入水中而发出嘶嘶声是很常见的操作，但他从来没有关注过这件事儿。只有像保罗叔叔这样懂化学知识的人，才会想到用烧红的铁条使水沸腾放出气泡，并用玻璃杯收集起来。铁匠脸上流着像墨水一样的汗水，但此时已经没有了怀疑的神色，取而代之的是一种兴奋、坚定的表情。

最后，保罗叔叔自己用一只手拿着杯底，使之略微倾斜，让气体慢慢地逸出，另一只手拿着一张点燃的纸，点燃了上升到水面的气泡。很快，气泡就发出了一种爆鸣声，喷出了火焰，但火焰非常暗淡，只有站在背光处才能看见。铁匠的铺子本来就很昏暗，倒是非常适合观看这种气体的燃烧。砰！砰！砰！气泡接二连三地响个不停，就像是小型的连珠炮。

铁匠惊讶地喊道："不怕湿的火药，一到水面就爆炸了。你再做一次让我看得清楚些。"

保罗叔叔又倾斜着杯子。气泡逐渐升到水面，直至气体完全耗尽。

铁匠问道："你说的比火药更容易着火的气体是从水中来的吗？"

"它是烧红的铁条使水分解得来的。不从水里还能从哪里来？我只用水和铁就得到了这种气体，甚至可以不用铁，你们马上就能明白这一点。这种可燃性气体的确是从水中得来的。"

铁匠点点头，说道："化学真有趣啊！它能使水燃烧。如果有时间的话，我也想学点化学。"

保罗叔叔回答："你已经每天都在实践有趣的化学知识了。"

"真的吗？锤铁、磨刀这也算化学？"

"没错，你的工作中包含着化学知识，而且每天都在实践，只是你自己不知道而已。"

"我真没想到呢！"

"很快我就会把你工作中的化学知识告诉你。"

"什么时候？"

"现在。"

"保罗先生，请让我再问一个问题：从水中得到的这种可以燃烧的气体叫什么名字？

"它叫氢。"

"氢。哦，我记住了。等我以后有空，我会把你所做的实验给我的朋友们看看。能有您这样的老师，这两个孩子太幸运了。如果我也像他们一样年轻，一定请您当我的老师。可惜啊，我现在年纪大了，已经读不进一本书了。现在，您还需要我做些什么？"

从水中制取氢气

"继续生火，将熔炉中的煤烧红。我还需要分解一些水，但是这次不用铁，而用煤，由此证明可燃气体氢气的确是从水中得来的，和用铁还是用煤都没有关系。约尔你把杯子拿好，实验操作和用烧红的铁条是一样的。"他们等了一会儿，让熔炉烧旺。然后保罗叔叔用火钳夹出一块炽热的煤块，放在杯口边，并没有插入水中，然后有许多气泡上升到杯底，比用铁条时还多。反复几次后，杯子里充满了气体。

这些气体只要接触到点燃的纸片，就会发出微弱的光并燃烧起来，每次火焰喷出时都能听到轻微的爆炸声。总之，燃烧的煤块跟烧红的铁条有着相同的效果。由此可知，可燃的氢气确实是从水中得来的，燃烧的煤块和烧红的铁条只是用来促进水的分解，让其释放出氢气罢了。

越洒水烧得越旺

铁匠看了保罗叔叔的实验，似乎陷入了沉思。他想起了每天在熔炉边工作的情景。保罗叔叔看透了他的心思，对铁匠说："我问你，在锻接时需要将铁烧得特别热，你用了什么方法？"

"什么方法啊？我正在想是不是和你说的氢气有关。你的实验似乎可以解释我每天所做的莫名其妙的事情。那边角落有个水槽，里面放着一把长柄拖把，我常用它给烧红的煤块洒水，只有这种方法才能获得巨大的热量。"

"给火洒水听起来是要熄灭火焰，实际上却使火焰燃烧得更旺盛。"

"对对，就是这样。我总是非常困惑。现在看了关于氢气的实验后，可能……"

"稍等一下，我们一会儿再说这个问题。孩子们可能还在疑惑为什么给煤块浇水可以使它燃烧更加旺盛。请你演示给他们看看吧。"

"好的，我很愿意参与其中，今天我竟然有幸成为您的学生。"

铁匠又一次拉动了风箱，生起了火，然后将一根铁条插进了炽热的煤块中，烧至极热后把它拿了出来，说："看，它已经烧红了，即使再拼命拉动风箱也不能让它变得更热了。如果要进行锻接，还需要变得更热才行。这时，我会用拖把在火上洒上点水，但不能太多，多了火就真的熄灭了。"

然后，铁匠又把铁条放回了熔炉中，并往煤块上洒了少量水。两个孩子像小学徒一样，站在铁匠旁边专心看着。对于这个普通的操作，他们一定见过很多次了，只是之前没有注意罢了。而现在，叔叔已经让他们见识到水中含有可燃气体，所以他们对此表现出非常浓厚的兴趣。要对任何事情产生兴趣，必须对它特别关注。知识会为我们周围的一切增添魅力。

浇到煤块上的水立即起了作用。起初火舌饱满绵长，下部非常明亮，顶端呈现红色，微微冒着白烟，突然之间这束火焰好像缩进了燃料中。接着，火焰在煤块的缝隙处跳动，并发出明亮的白光。这些白色的火舌正是氢燃烧的火焰，在白天不易发现。很显然，火焰温度很高，因为煤块在白色火焰的燃烧下发出了炫目的强光。这时，铁匠又将铁条抽了出来，但这次铁条已不再是红色的，而是耀眼的白色。只听得一阵爆裂声，铁条迸射出一阵灿烂的火星。

埃米尔想到之气前的实验，不禁叫道："就像是在氧中燃烧的铁一样。"

铁匠说："是的，铁条燃烧了，如果铁条长时间在这样高温的熔炉中，就会越来越细，直至完全烧尽。你们看看铁砧周围的地板，这些碎铁渣就是被锤子从热铁上敲下来的。"

"我知道这些铁渣就是氧化的铁，叫四氧化三铁。"

"是不是氧化铁我不知道，只知道它们都是燃烧过的铁。当我给炽热的煤洒水使它变热时，就会生成很多碎铁渣。现在还是听听你叔叔怎么说吧。保罗先生，为什么水可以产生这样的火来呢？如果不用水，铁只能达到炽热程度；但是用了水，铁却能达到白热程度。这就是我不明白的地方。"

保罗叔叔回答："这个不难理解。氢气是释放热量最多的燃料。木头、煤块、木炭以及任何其他燃料燃烧，都没有氢气燃烧放出的热量多。氢气是最佳的燃料，没有一种物质比它更容易燃烧了，也没有一种物质比它释放的热量多。"

"现在我明白了，"铁匠说，"我往熔炉里燃烧的煤块上洒水，水就会被分解，就像你把烧红的煤块放进杯底一样。水分解时产生氢气，氢气遇到火就燃烧，由于氢气是最佳的燃料，放出了大量的热，铁因此达到了白热，以便于锻接。我说的对不对？"

"完全正确。水被炽热的煤块分解后，为炉火增添了最佳的燃料。正如我之前说的，你不是每天都在做着化学实验吗？"

"是啊，可是我做梦也不会想到这一点。我怎么可能知道给煤块洒水会产生氢气呢？一定要多学习才能知道这些东西。像我这样整天只忙着挥锤打铁，是没有时间学习的。保罗先生，我还有一个问题想问你。我听有学问的人说过，火灾发生时，如果火势很大又没有大量的水，还不如不用水救火的好，最好是用土之类的东西把火闷熄，这跟氢气有关吗？"

"当然有关系了，如果将少量的水洒在炽热的火上，水就会分解，给火提供了最佳的燃料氢气，火不但不会被扑灭，反而烧得更旺。就像你为了锻接，往熔炉里洒少量水会放出更多热量一样。但是，如果用桶泼水，火就会熄灭。所以要灭火必须用大量的水。"

铁匠说："听你一番话真是获益不少啊。我的熔炉一天到晚都生着火，你要做实验随时可以来。"

保罗叔叔谢过铁匠，就带着埃米尔和约尔回家了。约尔还拾了一把碎铁渣带回去，准备闲暇时研究。

简易燃烧实验

孩子们回到家，得到保罗叔叔的许可后，就自己去做在铁匠铺看过的实验了。这种从水中生成的可燃气体让他们感到十分神奇，所以他们想在没有叔叔帮助的情况下亲手做这个实验。实际上这个实验很简单，也不会用到危险药品。虽然铁匠很欢迎他们去做实验，但是孩子们不好意思总是打扰他，耽误他做生意。家里也是做实验的好地方，既不会打扰别人，又可以反复尝试。但这行不行得通呢？

保罗叔叔说："完全可行。可以先烧红一些木炭代替煤，再准备一盆水和一个平底玻璃杯，就可以开始实验了。与铁匠铺里的实验操作一样，将木炭烧红以后，用火钳一个一个地夹起来，然后迅速插入杯口下方的水中，就可以得到那可燃的气体。实验能否获得成功，关键在于你们所用的木炭是否跟熔炉里的煤块一样热，越热水分解得就越多。最后提醒你们，一定要小心，不要烫到你们的手指。"

约尔说："叔叔不用担心，埃米尔拿杯子，我夹木炭，绝不会到烫伤他的手。"

"我还得告诉你们，如果你们想用炽热的铁做实验，不一定会成功，因为火盆无法将铁条加热至炽热。你们想试试也可以，但是千万要小心，不要烫到自己。"

说完，保罗叔叔就让孩子们自己做实验了。他们在火盆中装好木炭，火盆通风良好，很快将木炭烧到炽热。如他们所愿，后面的操作进行得非常顺利，含有氢气的气泡开始上升，说明实验很成功。约尔盯着氢气，看见氢气遇到火就冒出一股微弱的淡蓝色火焰，这与在铁匠铺用炽热的铁条来做实验时的火焰不同。经约尔提醒后，埃米尔也看出了这一区别。

他们又用铁做了一次实验。他们只找到了一根细铁条，反复加热，耗费了大量的时间和耐性，才制取到很少的氢气。点燃氢气后发出的火焰微弱得几乎看不见。尽管如此，他们的实验也算比较成功了，因为叔叔原本就告诉过他们，不要期望有巨大的成功。

第 15 章　氢气

没有加热，水就沸腾了

用炽热的铁从水中制取氢气是一个缓慢而烦琐的过程，即使只想要极少量的氢气，也需要反复操作才行。如果使用炽热的炭，虽然速度快了，但是制取的氢气并不纯净，其中还混杂了由炭产生的其他气体，约尔发现的蓝色火焰就是这样产生的。幸好他们只是为了证明水中含有一种易燃气体。如果想在短时间内制取大量氢气，就得考虑其他方法了。

保罗叔叔说："现在我们不再用炽热的炭从水中制取氢气了。因为这样收集到的不是纯净的氢气，其中混杂了别的气体。如果我们想准确了解氢气的性质，必须制取纯净的氢气才行。虽然用炽热的铁制取的氢气比较纯净，但是得到的量太少了。所以，我们要找到一个简单快速制备大量氢气的方法，又避免使用火炉、熔炉等用起来不方便的设备。你们已经知道非金属氧化物遇到水会变成酸，通过刚才的实验又知道水中含有氢，由此可推断：只要是酸一定含有氢。

"我可以告诉你们，铁在硫酸的作用下同样可以分解水，而且不用加热。铁和硫酸发生反应，硫酸中的氢就被释放出来。我再告诉你们，另外一种金属锌，它在硫酸作用下分解水的能力比铁还要强。所以，铁和锌都可以拿来制取氢气。当然，用锌最好，如果没有锌，建议用铁屑，因为铁屑是一种微小颗粒，与其他物质接触极易发生化学反应。

"这里有一杯水，我放了几片从干电池上拆下来的锌片。现在我们还看不到任何明显的化学反应，接下来我倒入一点点硫酸，轻轻搅匀。此时杯中的水开始猛烈沸腾，产生大量气泡，上升到水面，然后破裂。这些气泡就是由硫酸分解出来的氢气，和铁匠铺里用炽热的铁与水反应得到的氢气是一样的。你们仔细看好，我将一片点燃的纸靠近水面，那些气泡立即燃烧起来，并发出爆鸣声，在黑暗中可以看到燃烧产生的苍白火焰。气泡一个接一个密集地冒出，爆鸣声也持续不断。"

水面上跳跃的火焰和射击般的爆鸣声十分有趣，但让两个孩子更感兴趣的是：杯子没有被加热，里面的水就沸腾了，而且杯壁热得让人不敢触碰。保罗叔叔早看出来孩子们对这一不寻常现象有疑问，于是说："注意看杯子里面。你们会发现氢气泡先在锌的表面产生，因为这是发生硫酸分解化学反应的地方。这些气泡由下往上穿过杯子里的水，引起了很大骚动，就像水在火上加热沸腾一样。实际上，杯子中的水并没有沸腾，只是被上升的气泡搅动了，如果你们用一根吸管向水中吹气，也会有同样的情况发生。所以，从表面上看水的沸腾是一种错觉。"

"可是杯子很烫啊，根本不能用手拿。"埃米尔反对说。

"虽然杯子很热，但是这种热度远没有达到水的沸点。你们如果想要证明这一点的话，只要把那块锌夹出来就可以了。这样，就不会有气泡产生，杯子里的水会立即平静下来。"

"可是，为什么会那么热呢，又没有用火加热它，热量从哪儿来的？"

"原来埃米尔是对不用火加热而产生热有疑惑啊。那么，我问问你，之前我们做硫黄和铁屑的混合物实验时，瓶壁也很热，当时用火了吗？泥瓦匠往石灰中加冷水，其温度也会升高，他用到火了吗？我说的这两个例子都是无火而产生热的。其实道理很简单：化合反应一定会释放热量。我们现在的杯子也是一个实例：硫酸被分解出氢，同时硫酸中的其他元素却和金属发生着与其相对立的化合作用，产热就是由这个反应导致的。"

制作制取氢气的装置

"虽然你们了解了用锌和硫酸可以制得氢气，但是还不知道怎么收集氢气。想要制取氢气需要三种物质：水、硫酸、锌。水用来稀释硫酸，硫酸用来供给氢，锌用来分解硫酸而释放出氢气。实验时，水和锌可以一起放入水杯中，但是硫酸必须一点一点地加入。如果一下子倒入太多硫酸，会发生十分剧烈的反应，气泡大量生成导致杯中酸液飞溅，会灼伤皮肤，很危险。并且还要注意，在持续加入硫酸的过程中，不可打开或扰动产生氢气的容器，以免空气进入。一旦空气与氢气结合，会形成一种危险的混合物。

"一般都是用玻璃瓶做这类实验器皿，瓶中放一些小的锌片，当然有锌箔更好。可以把锌箔卷成柱状，从瓶口处伸进去，再向瓶中放入足够的水，直至完全淹没锌。然后用长颈漏斗和带弯曲玻璃管的软木塞塞紧瓶口，制取氢气的装置就做好了（图13）。这样的话，只需要将硫酸从漏斗中慢慢加入就能产生氢气。当氢气开始生成时，可以不必再特别注意装置了，只需要在反应变慢的时候加入少许硫酸即可。

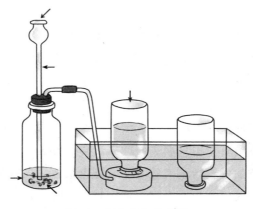

图 13　制取氢气的装置

"这个装置十分简单、巧妙，伸入水中的长颈漏斗可以避免空气与氢气接触而造成危险，但又能让硫酸随时进入瓶中。同时，生成的氢气因为被水阻挡也不能从长颈漏斗中逸出，所以只能从弯曲的玻璃管中逸出。就好像一个屋里有两扇门：一扇'长颈漏斗门'，只能进不能出；一扇是'弯曲玻璃管门'，只能出不能进。

"另外，假如弯曲玻璃管被什么东西堵住了，或者管子太细，使生成的氢气无法通过，后果会是什么？气体积聚在瓶子里无法溢出，对其中的液体产生压力，使其从漏斗中上升。因此，如果漏斗中有液体上升，那就是警告我们装置出现故障，气体无法溢出。所以，也可以说这个漏斗是一个安全管。不过，只要我们别一次性放入太多硫酸，就不用担心这种故障出现。"

说着，保罗叔叔就拿出一个广口瓶和一个很大的软木塞，用锉刀把软木塞锉成与瓶颈相当的大小，然后在软木塞上钻两个孔，一个孔内插入弯曲玻璃管，插入的一端透出木塞少许；另一个孔内插入玻璃管并将其推至瓶底。随后，保罗叔叔往瓶子里放了一小撮锌片，注入水，将锌片淹没，塞进插好管子的软木塞，还找来了黏土抹在孔洞边缘，以防漏气。这些都准备好后，又将弯曲玻璃管的一端插入事先准备的水盆中。埃米尔在旁边看得很兴奋，因为他马上就能如愿得到大量氢气，还可以尝试各种实验。但是，看到叔叔用直玻璃管代替长颈漏斗时，他还是很疑惑。

他好奇地问叔叔："怎么不用长颈漏斗了呢？"

保罗叔叔说："因为我们没有长颈漏斗，只能用这个直管代替了。"

"可是这个直玻璃管又细又不带漏斗，怎么注入硫酸呢？"

"这确实是个问题，那我问问约尔，你有解决这个难题的办法吗？"

约尔说："有是有，但是怕说出来你们嘲笑我。我想的是，可以把一张厚纸卷成圆锥形，锥顶留个小孔，不知道可以不可以代替漏斗。"

"你的方法非常可行。没有漏斗这个实验是很难成功的，我们就用你所说的纸漏斗代替玻璃漏斗。但是我得警告你们，硫酸的腐蚀性很强，纸漏斗会很快腐烂的。还好一张纸也不值多少钱，我们可以经常更换纸漏斗。"他们就按照约尔的方法做了纸漏斗，然后插入直玻璃管的顶端，可以很容易地向其中倒入硫酸（图 14）。

图 14　纸漏斗

现在开始实验，硫酸刚倒进去，瓶中的水立即沸腾起来，氢气从弯曲的玻璃管中逸出，在水盆中不断生成小气泡。孩子们连忙把燃烧的纸片靠近气泡上升的水面，气泡一遇到火就迅速发出光芒，产生苍白的火光并伴有轻微的爆裂声。这种气体的的确确就是氢气，即使在设施完备的正规实验室中进行实验，也不能获得更好的效果了。

氢气燃烧实验

保罗叔叔说："你们已经很熟悉这种小气泡了。现在，我要点燃大量氢气。我在通入氢气的水中溶解一点点肥皂，并将玻璃管伸到肥皂水的下面。你们应该用麦秆吹过肥皂水吧，会生成大量的气泡。现在，我把弯曲玻璃管的一端伸入肥皂水，自然也会生成大量气泡，只是这些气泡中的气体是纯净的氢气。这样我们就能得到大量的可燃气体，它们就贮存在一个个肥皂泡里。我用一张燃烧的纸接近肥皂泡，肥皂泡中的气体立刻被点燃，产生的火焰更大，爆裂声也更响，只是易燃的火焰是苍白色的。"

在孩子们的请求下，保罗叔叔又做了一次这个实验，效果比刚刚还要好。

最后，保罗叔叔说："这个实验告诉我们：氢气极易燃烧，用点燃的纸片接近肥皂泡，肥皂泡内的气体就立刻被点燃。现在，我们继续用另一个实验来证明极易燃的氢气也可以用来灭火。氢气的易燃性是别的物质没法比的，但是它也可以将进入其中的火焰扑灭。将燃烧的蜡烛头伸入充满氢气的瓶中，烛火熄灭的速度之快就像放进充满氮气的瓶中一样。我来证明给你们看。将我们装置中的弯曲玻璃管没入水盆中，用广口瓶或者玻璃筒收集释放出来的气体，就像制取氧气时那样。"

氢气灭火实验

广口瓶中装满了气体之后，保罗叔叔继续说道："这是一个装满了氢气的广口瓶，现在我把它从水里拿出来。"

　　然后，他从底部托住广口瓶，使瓶子保持倒立，将其从水盆中慢慢拿出来，就像是往外倒水一样。在孩子们看来，保罗叔叔犯了个粗心的错误，诧异地问："你这样拿着它，不担心气体跑出来吗？瓶口朝下又没有塞住。"

　　"不用担心，氢气是不会'掉下来'的，因为氢气比空气轻，只会上升不能下落。我只需拦住它上升的路径而不是下面，所以我才把瓶子倒置。现在，我点燃一根蜡烛放入瓶中（图 15）。你们看，瓶口的氢气立刻燃烧起来，发出爆鸣声，火焰渐渐向瓶内上升，而蜡烛火焰一进到瓶中就因为被氢包围而熄灭了，跟在氮气里发生的情况完全一样。"

图 15　氢气灭火

　　孩子们不明白为什么一个这么容易燃烧的气体也可以扑灭燃烧的火焰。但是叔叔给出的解释让他们觉得原因非常简单。

　　保罗叔叔说："我再重复一遍燃烧的原理：所有的燃烧都是某些物质与氧气发生的化学反应。在没有空气的地方，因为没有了氧气，就不会发生燃烧。将燃烧的蜡烛放入装满氢气的玻璃瓶之所以会熄灭，就是因为没有氧气而不能维持燃烧。没有氧气，即使有极易燃烧的氢气也不行。并且，氢气的燃烧也需要空气的帮助，瓶子里的氢气只有在接近瓶口的位置才会燃烧，是因为只有在那里才能与空气接触。随着瓶口的氢气渐渐燃尽，周围的空气就会来填补氢气的空缺，所以火焰就会向瓶底上升。

　　"用极精确的化学天平可以测量出，空气约比氢气重13倍，这种天平连一根头发的重量都能称出来。氢气虽然是一种极轻的气体，但它还是有重量的，一升氢气的重量大约是0.1克。一升水的重量为1000克，是一升氢气的一万倍。

　　"锇是自然界中最重的一种金属，在体积相同的情况下，其重量是水的22.5倍，是氢气的22.5万倍。因为实验设备有限，没有办法一一证明，但是可以用实验证明氢气确实是比空气还轻的物质。

　　"你们刚刚都看到了，要把瓶口朝下才能把氢盛在里面。因为氢气是非常轻的气体，会往上爬升，因此我们需要把它向上的去路给封住。现在给你们证明一下，如果将瓶口朝上，氢气会不会跑出去。"

　　保罗叔叔又在广口瓶中装满氢气，瓶口朝上放在桌子上。大家静静看了一会儿，并没有什么物质跑出来，也没有看见有物质进去。

　　"等的时间已经够长了，"保罗叔叔说，"里面的氢气已经完全跑出来了，剩下的全是空气了。"

　　埃米尔好奇地问："您怎么知道的？我什么都没看到啊。"

　　"如果只用肉眼看的话，就算视力极好的人也看不出来。但是点燃的蜡烛会告诉我们答案。如果蜡烛可以在瓶子里继续燃烧，就证明里面是空气；如果是瓶口的气体燃烧，但是蜡烛熄灭了，就说明氢气仍然在瓶子里面。"

　　保罗叔叔将一根点燃的蜡烛放进瓶子之后，它依旧可以燃烧，跟在瓶子外一样。这就证明氢气已经跑了出来，剩下的是比较重的空气。

氢气肥皂泡实验

　　保罗叔叔继续说道："如果我们往一桶水中倒入一碗油，会发生什么呢？因为水比油重，所以水会挤开油，而较轻的油会上浮到水面。这就是刚刚广口瓶朝上直立时，空气和氢之间发生的事。不过我有个更好的实验来证明氢气比空气要轻。用几根麦秆和一点肥皂水就可以证明氢气有多么轻。用麦秆一端蘸上肥皂水，然后对着另一端轻轻吹气。埃米尔是不是经常这样玩儿？"

"对啊，吹肥皂泡很好玩。"埃米尔抢着说，"用麦秆吹一个肥皂泡，它会越变越大，吹得好的话可以吹到苹果那么大。而且，在阳光下，在泡泡上可以看到彩虹一般的颜色，比我们花园里的那些花还漂亮。可惜的是没多久它就会突然炸掉，不见踪影。彩色的肥皂泡不能飞翔到高空去，好遗憾啊。"

"这次一定会让你看到泡泡完整地升到天上，绝不骗你。"保罗叔叔说。

"太棒啦！"

"那你先按照平时的方法给我们吹一个肥皂泡看看。"

然后，埃米尔拿起一根麦秆，蘸了点肥皂水，轻轻一吹，出现好多肥皂泡，最大的有拳头那么大。这些肥皂泡渐渐增大时，水膜变得越来越薄，出现彩虹般的颜色。可是一旦脱离了麦秆，这些泡泡就落到了地上，没有一个飞起来。

"这样制成的肥皂泡是飞不起来的。"保罗叔叔说，"因为气泡中是和周围一样的空气，所以它们既不能上升也不能下降，但是气泡的水膜比空气重，所以会使气泡下降。如果我们要让肥皂泡上升，就得在气泡里面充入比空气轻的气体，这种气体不仅可以抵消气泡水膜的重量，而且可以排开空气而上升，这就是氢气。"

"但是怎样才能让气泡里充满氢气呢？总不能用嘴将氢气吹进去啊。"埃米尔问。

"可以用那个制取氢气的瓶子来吹。首先用直玻璃管代替弯曲玻璃管，再用湿纸条裹住麦秆的一端，插入直玻璃管里，这样瓶子就只有一个小小的出口了。我们只需要蘸一些肥皂水滴在麦秆顶端，就可以吹出充满氢气的肥皂泡了。"

保罗叔叔说完就动手操作起来，果然，一串串气泡不断冒出，有时大点，有时小点，向上飞去，有的中途就破裂了，但是有几个特别大的气泡一直飞到天花板上才破裂。孩子们看呆了，气泡就像一个个五颜六色的氢气球从麦秆顶端冒出来，渐渐变大，然后脱离麦秆向上飞去。啊，它们真漂亮啊！只是很快，一个接着一个飞到天花板上撞碎了（图16）。约尔陷入了沉思，埃米尔依然在欢呼雀跃。

图 16　产生氢气泡的装置

保罗叔叔说："我还可以让这个实验变得更有趣。就是找一根长竹竿，绑上一小根蜡烛，将蜡烛点燃后接近空气中正在上升的气泡。"

埃米尔马上找来竹竿，绑上一个点燃的蜡烛头，靠近一个正在上升的气泡。噗的一声！小气泡突然在空中化为一束火焰，倏地一下不见了。埃米尔吃了一惊，他没料到火焰燃烧得如此突然，如此之快。

保罗叔叔问："被吓了一跳吧？你忘记氢气是种极易燃烧的气体了吗？将点燃的蜡烛靠近充满氢气的气泡，当然会瞬间燃烧起来了。"

"嗯，很简单的道理，可是我没有料到。"

"既然你们知道了会发生什么，我们再试一次。"

又重复了几次实验。埃米尔等气泡快升到天花板的时候，才用蜡烛去碰它。无论气泡上升得多快，都没有一个能逃过埃米尔的追赶。这个有趣的实验再次证明了氢气的易燃性。不怎么提问的约尔最后也打破了沉默。

约尔说："肥皂泡因为撞到天花板而破裂，如果没有了天花板，它们是不是可以飞得更高？它们会飞到哪去呢？"

"在没有任何东西阻挡的广阔天空中，只要它们不在中途破裂就可以飞得非常高。但是，肥皂泡非常脆弱、易碎，可能一缕微风就足以摧毁它们。如果在晴朗无风的日子，肥皂泡有可能维持很长时间，并且可以飞出我们的视野。今天天气正好，树叶都在树上一动不动，我们可以出去试一试。"

保罗叔叔把吹肥皂泡的装置拿到了室外，开始吹泡泡。许多气泡还没飞过屋顶就破裂了，但是依然有几个飞出了他们的视野，消失在蓝天中，即使视力极佳的埃米尔也无法看见它们了。

埃米尔问："它们飞得很高很高了吗？"

"大概也就 100 米左右吧，只是它们又小又透明，在这样的高度下肉眼已经看不到了。而且它们脆弱的薄膜可能早就破裂了。你正看着的那个气泡，说不定它早就已经不在了。"

"叔叔，我还有个问题。"埃米尔说，"不管是空气还是氢气，吹出的肥皂泡都有一层彩虹般的薄膜，这些色彩是怎么出现的？"

"那些色彩啊，跟空气、氢气、肥皂水都没有关系，而是非常薄的气泡膜对光的作用。比如把一滴油滴在静止的水面上，油扩散形成非常薄的薄层，就可以看到你们所说的彩虹般的色彩。一个肥皂泡、一层薄薄的油膜或者是任何一层薄薄的透明物质，都会发出彩虹般的颜色，这就是所谓的虹膜。"

第 16 章　一滴水的诞生

不会破裂的氢气球

保罗叔叔说："昨天答应要给你们看不会破裂的氢气球。现在可以实现了。埃米尔，你还记得两个月前你买过的红气球吗？你用长线拴着它，它像充满氢气的肥皂泡一样飘在空中。"

埃米尔连忙说："当然记得，我可喜欢了。可惜的是没几天就飞不起来了，已经被我放进玩具箱很长时间了。"

"你有没想过，为什么没几天就飞不起来了呢？"保罗叔叔问。

"我想过，但没想出来其中的原因。"

"现在让我来告诉你吧。你买的气球里充的就是氢气。因为气球是用弹性很强的橡胶薄膜做成的，所以可以在内部氢气的压力下自由膨胀。虽然气球看起来很严密，但是氢气仍能穿过这层薄膜，慢慢逸出。于是，气球逐渐变小，或许仍然保持圆形，但是里面的氢气已经与外界空气相互渗透。无论是部分氢气的逸出，还是氢气与外界空气发生了交换，都会减小气球上升的浮力。所以，过一两天气球就飞不起来了，必须再次填充氢气才能飞起来。"

"早知道这样我就给气球多充一点氢气了。"

"确实如此。如果你的气球没有洞的话，我们就可以让它重新飞起来。去把气球拿来吧。"

埃米尔跑了出去，没多久就拿回两个皱瘪的气球。叔叔往气球里面吹了一口气，没有发现破洞。

"看来这两个气球被你保存得很好，我们现在开始！这是一个容量约一升的玻璃瓶，我往里面加些水和一大把锌屑，在一个和瓶颈紧密贴合的穿孔软木塞上，插一根直玻璃管——如果没有直玻璃管，用鹅毛管也可以。把气球套在玻璃管上端，用细线扎紧防止漏气。现在将硫酸倒进瓶中，等混合物发生反应，释放出大量氢气时，用手指挤压出气球中的空气，同时将软木塞插进瓶口，然后松开气球，让反应自然地进行。松瘪的气球充满氢气后膨胀起来，现在你们看，它已经完全变成球形了，如果无限制地充氢气，气球就会破裂。现在可以在略高于玻璃管处，用一根结实的线把气球口绑住。然后从玻璃管上取下气球，放出瓶中生成的氢气，以免瓶中聚集过多，冲开塞子造成液体喷溅。"

约尔看气球似乎是想要往上飞，便提议："现在我们把它放了吧，看能不能飞起来。"

埃米尔说："稍等，我系根长绳子。"

但叔叔用手拦住了他们，说："放飞之前，让我们先考虑一下气球中装了多少气体？最多一升。一升氢气的重量大约是 0.1 克，是同等体积的空气重量的十四分之一（即空气为 1.4 克）。气球内的氢气比同体积的空气轻了 1.3 克。假如气球本身重 1 克，那么气球上升的浮力就可以托起重 0.3 克的物体，所以系气球的绳子不能超过 0.3 克重。但是 0.3 克是非常微小的量，所以不要系太长的绳子。"

"对啊。气球浮力很小，拖拽不起很长的绳子。那我们系一根细绳子吧。"

将细绳子绑到气球口后，气球升了起来，但出乎意料的是它并没有飞得很高。

孩子们问："气球为什么停在半空中了？"

"因为气球飞得越高，拖拽的绳子就越长，绳子的重量都加到了气球上。因此，当气球本身、氢气和绳子加起来的重量等于氢气排开的空气的重量时，气球就不能上升了。我们再吹一个，然后让它想飞多高就能飞多高。这个就留给埃米尔吧。"

果然，没绳子拖拽的气球不一会儿就飞离了视线。它会飞多高呢？但无论飞得多高，迟早会掉下来的，因为里面的氢气和外界的空气会透过气球的橡胶薄膜互相交换。气球会越变越重，逐渐掉到地上。但没有人知道它会随风飘荡到哪里。

猪膀胱气球

约尔问："要是我们没有埃米尔以前买的气球，能不能用猪膀胱来代替呢？猪的膀胱就是一个天然的大气球，而且很容易找到。"

"如果没有更合适的，倒是可以拿猪的膀胱来试试。虽然用它做成的气球的确很大，而且薄膜也更牢固，但它上面黏着很多油腻的脂肪，会增加氢气球的重量。你们一定还记得，气球的薄膜越轻薄越好，这样才能尽量减小上升的阻力。所以，如果要使猪的膀胱做成的气球升起来，必须先刮掉猪膀胱上的脂肪层，尽可能减轻它的重量，同时还必须留心，不要将薄膜刮破。"

混合气体大爆炸

"通过前面一系列的实验，你们完全理解氢气比空气轻的性质了吧。现在我们再做几个小实验，来看看氢气和空气混合时会发生什么。这是一个容积约 0.25 升的细颈瓶，我往里加三分之一的水，然后倒扣在水盆中。这时，瓶子里空气和水的比例是 2:1。在制取氢气的瓶中加入少量的硫酸，换上弯曲玻璃管将生成的氢气导入到细颈瓶中，并占据瓶中水的位置。等细颈瓶充满气体后，空气和氢气的比例也是 2:1。给细颈瓶塞上塞子，再用毛巾将瓶子缠上几圈，只露出瓶颈。"

接着，保罗叔叔一手拿着被毛巾裹住的细颈瓶，一手揭开塞子，将瓶口靠近点燃的蜡烛，只听到一阵响亮的爆鸣声，震得两个孩子胆战心惊。

随后，埃米尔马上欢呼起来："真好玩儿，好像气枪发射。叔叔再'开一枪'吧。"

于是，保罗叔叔又"开了几枪"。因为氢气和空气的混合比例不同，爆鸣声有高有低，有的声音就像枪声一样，有的声音像小狗尾巴被踩住时的尖叫……埃米尔觉得这声音太有趣了。

保罗叔叔说："这些所谓的枪声告诉我们：氢气和空气的混合物，遇火就会立即着火，猛烈地爆炸。虽然混合物是透明的，但是力量不容小觑。如果出口太小，可能会把容器炸成碎片。我之所以用毛巾缠住瓶子，就是为了防止它炸成碎片。而且，实验前我特意挑了一个只有 1.4 升的瓶子。因为瓶子越大，爆炸时威力越大，拿瓶子的人会受伤的。

"我们都知道空气是由活泼的氧气和不活泼的氮气组成的。显然氢气的爆炸实验中，氮气并没有起作用，因为它的惰性阻碍了化学反应进行，并缓和这一爆炸。所以，参加反应的只是空气中的一部分氧气。

"如果我们除去氮气，用纯氧气和氢气混合，爆鸣声一定会更大。关于这个实验所需的东西已经全部准备好了。早上我已经制备好了一大瓶纯氧，倒放在水盆中，用水密封。实验开始之前，我必须告诉你们：氢与氧按照 2：1 混合，会得到最大的爆鸣声。

"我在一个广口玻璃瓶中装满了水，用来容纳爆炸混合物，然后倒立在水盆中。用刚才使用的细颈瓶做衡量单位，先转移 1 份氧气（1 细颈瓶），再转移两份氢气，混合物完成了。虽然广口瓶中什么也看不见，但是装着危险的爆炸物，要是不小心遇火，就会立即爆炸，对我们造成严重的伤害。如果你们自己做实验，一定要谨记：这种爆炸物不像普通的火药，与干燥、潮湿无关，就算在水中仍然有很强的威力。所以，即使身边准备了水，也不能保证避免操作失误带来的威胁。

"我用漏斗将广口瓶中的混合气体在水中转移到刚才的细颈瓶中。然后塞紧塞子，用毛巾小心地缠在瓶身上，以防止瓶子炸裂。现在，我准备打开瓶塞，让瓶口靠近烛火，注意了！ 1——2——3！"

孩子们个跟着大声倒数："……3！"

"砰——"似乎整个房间为之一震，简直像放炮一样。埃米尔吓得跳了起来，大叫道："真不敢相信！这种看不见的东西也能发出这么大的响声。早知道，我应该先把耳朵堵起来。"

"哈哈，这个实验是需要'听'而不是'看'的，你堵上耳朵就听不到爆炸声了。你要是害怕，我就不做实验了哦。"

每次混合气体爆炸时都会将蜡烛吹灭，所以保罗叔叔重新点燃了蜡烛，又重复了这个实验。爆炸声将窗户震得咯咯直响，但这次埃米尔没有吓得跳起来。他甚至坚定地注视着实验进行的情况，只见一米多长的火舌猛烈地冲出了瓶口。保罗叔叔又重复了几次实验后，埃米尔要求他自己来握住这个瓶子，像叔叔一样做这个实验。

"很好，现在再没有什么好怕的了吧。经过了很多次实验这个瓶子都完好无损，可见它的承受力很强。但是为安全起见，必须缠上毛巾。"

然后，保罗叔叔再次将细颈瓶充满混合气体，递给埃米尔。他神情严肃，像炮兵一样'发射'了他的'炮弹'。接着，约尔也略带兴奋地做了这个实验，直至用尽了所有的气体。

生成氢气的导管

"'弹药'用完了，开不了'枪'了。现在，我们来看看氢气和氧气燃烧后剩下了什么。氢气和氧气的混合气体在爆炸时发生了化合反应，同时喷出了一道不是特别明亮的火焰，生成了一种新的物质。这种新的化合物是一种无色的蒸汽，必须在冷凝后才能进行检验。

"按照之前的实验方法来检验是行不通的，因为一次性点燃大量的气体混合物非常危险，而且生成的新气体都逸散在空气中，不好收集。所以，我们每次只需点燃少量氢气和氧气的混合物，使它们慢慢化合。也就是说，我们得点燃一个生成氢气的导管，使它在空气中逐渐燃烧。

"现在我们开始准备吧。这个装置和吹肥皂泡的装置差不多，只需要将直玻璃管换成尖嘴玻璃管。尖嘴玻璃管的管口只有针眼粗细，制作方法是这样的：取一根易熔的玻璃管，放在酒精灯上加热中间部分，边加热边旋转，这样受热比较均匀。等玻璃管变软时，慢慢拉长，把软化的部分拉成细长线，再用锉刀切断。两个相同形状的尖嘴玻璃管就做好了。下面可以开始实验了。"

所有实验工具都准备好后，保罗叔叔又说："我把水、锌和硫酸全部放入瓶中，氢气就会从尖嘴玻璃管的尖嘴喷出（图17），我会在管口处点火，但是点火之前必须慎重考虑。我们知道氢气和空气混合后点燃会爆炸，现在从尖嘴玻璃管中喷出的氢气中还混合着瓶中原有的空气，此时在管口处点火，这些危险的混合物就会在瓶中发生爆炸，把瓶子炸成碎片，即使瓶子没有被炸碎，瓶塞也会被弹出来，造成酸液喷溅，将我们的衣服腐蚀出红色的斑点。如果飞溅到眼中，甚至会造成失明。所以，必须郑重警告你们，一定要小心这种易爆的混合气体。点燃的时候，必须要时刻注意它是否混入了空气。

从尖嘴玻璃管冒出的肥皂泡

图 17　制取氢气的装置

"此刻才刚刚释放出氢气，难免混有空气，所以必须让气体再释放一会儿。等瓶口不再有空气逸出时，才能进行实验。如何确认气体中是否含有空气呢？可以蘸一些肥皂水滴在尖嘴玻璃管口，如果生成的肥皂泡脱离管口后迅速上升，就说明瓶中已经没有空气了，即使有也是很少量的。安全起见，我们还是用毛巾裹住瓶子。

"现在，我将点燃的纸条靠近管口，氢气立刻燃烧起来，还发出了暗淡的淡黄色火焰。危险都过去了，如果最开始点火没有发生爆炸，就不会有危险了。瓶中所有的空气都已经被赶了出来，从管口逸出的是纯净的氢气。现在可以不用毛巾裹住了，这样看得更清楚。而且，管口的黄色火焰就是氢气燃烧的表现。虽然火焰光芒微弱，但温度非常高。你们可以感受一下。"

孩子们试着将手放到火焰旁，很快就都缩了回去。

埃米尔尖叫起来："太烫了！这火焰看起来很暗淡，想不到温度却很高。"

"很正常，因为氢气是最佳的燃料。你还记得铁匠演示给我们看的操作吗？"

"你是说给熔炉中的煤块洒水，使铁条变成白热的操作吗？"

"是的。水被燃烧的煤分解后释放出氢气，氢气再次遇火燃烧，放出大量的热。"

"那么，这苍白的火焰能烧红一根铁丝吗？"

"不仅会烧红，白热都可以。看这里，我将一根铁条的一端放在这火焰上，立刻就会发出耀眼的光芒。铁匠给熔炉中的煤块洒水，使铁条变成白热，也是同样的道理。"

奇怪音乐会

"氢气还有一种有趣的特性——燃烧时会'唱歌'。只要给它合适的'乐器'，它就能'唱歌'。'乐器'就是像手杖一样细长的玻璃管，粗短的玻璃管也可以，只是音调有些差别。玻璃管短而粗时，声音比较低沉；管子细长时，声音比较高亢。如果实在找不到玻璃管，也可以使用玻璃灯罩、纸板或者纸筒来代替。长的、短的、粗的、细的……最好各种管都准备一些。我已经事先准备了一些管子，其中有一支是玻璃管。先从它开始。"

说着，保罗叔叔把玻璃管竖着罩在了氢气的火焰上，只听见一阵连续的乐声响起，就像管风琴发出的声音一样。保罗叔叔又把玻璃管上下移动，这时音调也或高或低，交替不断，时而像某处肃静的教堂里发出的庄严祷告，时而又像高声的歌颂。然后，保罗叔叔又将长短、粗细不一的管子，纸质的、金属的管子都拿来做实验，将全音阶中所有音试了个遍。

孩子们听着这奇怪又有些刺耳的音乐，禁不住笑着说："简直是杂音交响乐啊！要是我们的小狗在这，它肯定会开心地加入这场音乐会！哈哈，我们现在就去找它。"

孩子们找到了小狗，小狗以为有骨头吃了，就兴冲冲地跑了进来。刚一听到这奇怪的音乐，它就跟着嚎叫起来，这让埃米尔和约尔笑得前仰后合，连叔叔都放下了一向的严肃。

一阵喧闹之后，保罗叔叔说："快让它出去吧，要不然实验都进行不下去了。"

小狗出去以后，实验室终于安静下来。于是，保罗叔叔继续说："我做这个实验不只是给你们取乐的，它的背后还有一个严肃的动机，随后我会向你们解释。现在我先给你们解释已经在你们嘴边的问题：氢气为什么会唱歌呢？当氢气从喷嘴中喷出时，会与周围的空气相遇，因此就会不断地形成爆炸性的混合物，引发连续的小型爆炸。在玻璃管的包围下，玻璃管中的空气柱也随之震动。我们听到的声音就是这种震动引发的。

"现在，让我们来看看氢气燃烧后变成了什么。我再拿一根玻璃管，用吸水纸将玻璃管内壁擦干净，不要有丝毫的水汽，再把它放到氢气火焰上。现在，你们不要关注声音了，注意观察玻璃管中发生了什么。不久，玻璃管壁上出现了一层薄雾，渐渐变得浓密，最后汇聚成无色的液体沿内壁流下来，这就是是氢气和空气中的氧气化合的结果。从外表看你们会认为它是水，在下结论之前我们先尝尝味道。

"现在用的玻璃管太细了，凝聚的液体连指尖都不能润湿，所以我们需要改进下，比如用广口瓶代替玻璃管。同样，先将广口瓶内壁擦干净，然后罩在火焰上方。你们看，瓶子内壁又出现了薄雾，越聚越多，最后汇聚成液体流了下来。再多等一会儿，会结出很多小液滴留到瓶口，这样你们就能用手指蘸到了。"

火焰在广口瓶的笼罩下燃烧了一会儿。叔叔轻轻摇晃瓶子，让凝结的液体聚集到了一处，稍稍倾斜，便流到了瓶口处。孩子们经叔叔指示，立刻用指尖蘸了这种液体来尝它的味道。

约尔说："没有什么味道呀，也没有颜色、气味，我怀疑就是水。"

"你不用怀疑，因为确实是水。我让你们听氢气唱歌，是希望你们体会这神奇的变化。水是氢气燃烧后的产物，是氢和氧的化合物。人们通常认为水是火的克星，而实际上水还能生产出最佳的燃料氢气，以及支持金属燃烧的氧气。化合成水的氢气和氧气含量并不相等，氢与氧的比为 2 ：1。由此你们应该明白为什么两瓶氢气和一瓶氧气混合后，能够发出最大的爆炸声。

"这种混合气体爆炸会产生少量的水，在高温的作用下变成蒸汽，猛烈地冲出瓶口，并发出巨大的响声。因为响声实在太大了，会让你们觉得爆炸时也产生了大量的水，其实生成的水也许只有一小滴。可以通过化学计算来判断：想得到 1 升水，必须要有 1860 升混合气体，其中包括 620 升氧气和 1240 升氢气。瓶子的容量是 1/4 升，那么能生成多少水呢？基本上少得可怜。那么多的氢气和氧气结合才生成小小一滴水，这个化学'婚礼'简直太隆重了。

"现在，我们说一下用硫酸和锌制取氢气的原理。我们知道，硫酸是硫化物的水溶液，含有氢、氧、硫三种元素。硫酸中的氧和硫与锌的化合能力很强，一旦遇到锌就会同锌化合成另外一种叫作硫酸锌的化合物。氢在失去了结合对象氧、硫后，只好独自离开。至于新的化合物硫酸锌，从名字上就可以知道它是一种盐。这种盐易溶于水，所以我们无法看见它。

"现在来看看我们的制氢装置，已经停止反应了。除了少量黑色的金属杂质外，所有的锌已经转化成了一种盐，并溶解在水中。我们把瓶子在角落里静置一会儿，溶解在水中的物质会慢慢结晶，生成味道辛辣的白色沉淀物，就是硫酸锌。"

第 17 章 一支粉笔

获取二氧化碳

　　"今天，我们的实验课上不会有雷鸣般的爆炸声和奇怪的音乐会了，也没有剧烈的火焰和一滴水的诞生。今天的课会非常安静，但它的重要性却不亚于任何一节课。现在我要问一个问题：煤或炭燃烧后变成了什么？

　　"我们见过碳在氧气中燃烧的绚丽景象，在燃烧过程中生成了一种看不见的气体——二氧化碳，也就是以前我们讲过的碳酸酐。和其他的酸酐一样，它可以将蓝色石蕊试纸变成红色。虽然我们很熟悉二氧化碳这个名字，但是并不知道它的特性。现在我们应该仔细研究它。首先你们要学习如何辨别和制取二氧化碳。

　　"拿一块生石灰，洒上水，使它发热而碎裂成粉末。再多加点水，直到能将石灰搅拌成薄糊状。你们应该还记得石灰略溶于水吧。但是我现在想要完全清澈的、没有一点未溶解的石灰的水，这就需要将石灰糊倒进垫着滤纸的漏斗中。

　　"我们都知道用筛子可以筛掉粗的谷粒。滤纸也可以起到筛子的作用：让清澈的石灰水通过，把未溶解的石灰留在滤纸中。所以，只要是液体中含有杂质，都可以用滤纸过滤。

　　"滤纸是圆形的，有大有小，在药店就能买到。使用方法是这样的：先对折成半圆形，再对折成扇形，可以一直这样对折直到不能再折。然后将它打开，叠成有折皱的纸漏斗，放进漏斗中，再把漏斗颈插进承接过滤后的液体的瓶子里就可以了。

　　"过滤装置准备好了，现在我可以用它过滤出糊状的石灰。你们注意看，滤纸上的液体很浓、很浑浊，而瓶子里的水看上去非常纯净。这张圆形的滤纸是一个非常好的筛子吧！通过滤纸进入瓶子的液体不仅仅是水，还包含着一些溶解的石灰，这种液体是石灰水，尝一下就知道了。我们可以用它来做关于二氧化碳的实验。

　　"现在，我们在空气中燃烧木炭，制取二氧化碳。这是两个大小一样的瓶子，瓶子里充满了空气。我将一块燃烧的木炭放进瓶子里，让它燃烧至完全熄灭，这样就得到了一些二氧化碳。虽然我们看不见二氧化碳，但是可以用石灰水证明它的存在。往瓶子里注入两匙石灰水，晃动几下，你们看，石灰水立刻变成浑浊的白色液体。"

　　"是不是因为瓶子里有二氧化碳，石灰水才变成了白色呢？答案可以从另外一瓶空气中找到：看看空气能不能把石灰水变成白色。我们在另外一个充满空气的瓶子里注入同样多的石灰水，晃动几下，并没有发生变化，还是清澈的。由此可知，让石灰水变色的是二氧化碳。我再强调一遍，你们一定要记住：只有二氧化碳气体才能让石灰水变成白色。

　　"因此，石灰水是用来区分二氧化碳和其他气体的有效工具。举例来说，假设一个瓶子里装着一种气体，我们怀疑它是二氧化碳，就可以用石灰水帮我们解决这个问题。加入石灰水后摇晃瓶子，如果液体变成白色，就可以证明瓶子里是二氧化碳，否则一定不是。牢记石灰水的这种特性，以后会用到。

　　"我把白色的液体倒进一个玻璃杯中，然后拿到有光的地方，对着光看。可以看见杯子里有许多旋转着的白色细小颗粒。将杯子静置一会儿，白色的颗粒会慢慢地降到杯底，杯子里的液体又变得清澈起来。我将清澈的液体倒出来，留下瓶底的沉淀物。这些沉淀物是什么呢？从外观上看很像面粉、淀粉或者是白垩粉。是的，确定是白垩粉，粉笔就是用白垩粉制成的。

　　"但是粉笔可不是用我们这样的方式制成的。想要制造粉笔，必须燃烧木炭，溶解石灰，这样制造粉笔花费的费用实在太多了。所以，普通粉笔都是用天然的白垩粉制成的，只需要去除白垩粉中的杂质，加水压成固体，然后切成一根一根的就行了。我们现在的白垩粉是人工制成的：溶液中包含石灰，二氧化碳进入瓶子以后就和石灰化合，形成了一种盐类，叫作碳酸钙。

尽管碳酸钙是由碳酸和熟石灰化合而成的，但是它在自然界中存在的状态却不尽相同。质地松软容易粉碎的是白垩粉；粗糙坚硬的是石灰石，可以作为建筑材料，如建筑石、铺路石；质地更坚硬细腻的是大理石……虽然它们的样子、名字、用途都不同，但它们归根结底是同一种物质——石灰和燃烧后的碳结合而成的碳酸钙。在化学上并不考虑外形，只认内部结构，所以它们统一叫作碳酸钙。因此，在必要的时候，我们也可以从粉笔、大理石或者石灰石中提取二氧化碳，它们都和燃烧木炭得到的二氧化碳是一样的。

"由上述可知，制取二氧化碳不一定需要燃烧木炭，几块小石头也可能制取出相同的气体。对于不了解化学知识的人来说，化学好像神奇的魔术，打破了我们通常的观念。你想要最佳的燃料吗？化学告诉你可以去水里找。你想寻找类似于木炭燃烧时产生的气体吗？化学告诉你可以去石头里找。"

> **趣味小知识：**
> 白垩粉在我国西南地区尤其是云南、贵州、四川等丘陵地区很常见。白垩粉夹在山上的岩层中，由于岩层中的水分不易蒸发，大部分土壤比较软。

验证碳的存在

"白垩粉中有碳，最黑的物质存在于最白的物质中。就连爱提问的埃米尔也深信不疑。我在瓶子里燃烧的确实是碳，木炭中含有碳元素，燃烧后生成碳和氧的化合物——二氧化碳，然后和石灰水接触，在瓶中生成了悬浮的白垩粉。

"刚刚我说白垩粉中有碳，但它是燃烧之后的碳，是不可能再燃烧的，除非把它里面的氧去除，所以白垩粉是一种不能燃烧的物质。但是很多物质中都含有未燃烧的碳，这些物质却可以燃烧。例如，制造蜡烛的蜡，虽然外表看起来是洁白的，其实含有丰富的碳，燃烧时产生的黑烟就可以证明这一点。还有一个方法可以证明蜡烛中碳元素的存在，我们只需要点燃一支蜡烛，看看是否生成了二氧化碳。如果有的话，就证明蜡烛中存在碳。我们尝试一下吧。

"将瓶子里装满清水再倒出来，这样瓶子里就装满新鲜空气了。然后，用细铁绑住一个燃烧的蜡烛头，伸进瓶子里，让蜡烛一直燃烧，直到它自己熄灭了为止。现在瓶子里有没有生成二氧化碳呢？石灰水可以帮我们证明。往瓶子里倒一点石灰水，摇晃瓶子。注意看，石灰水变成乳白色了。由此可知，蜡烛燃烧后生成了二氧化碳，蜡烛中确实含有碳。

"我们再举一个例子。纸中也含有碳，我们可以通过检验纸燃烧后的灰烬来证明。但是在借助实验证明之前，还不能断言，也许黑色灰烬并不是碳呢？因为只凭颜色判断具有片面性。我重新将瓶中充满空气，把一张纸卷起来放入瓶中燃烧，要小心不要让灰烬落下，否则会影响接下来的实验。燃烧结束以后，把石灰水倒入瓶中并轻轻晃动，石灰水变成了白色。所以，瓶中一定有碳酸，而纸里包含碳。你看，它自己证明了。

"再者，虽然纸和白蜡烛都是白色的，但燃烧时会有黑烟，还会产生黑色的灰烬，这些可以让我们推断其中含有碳。但是，我们要研究的第三种物质——酒精，它看上去也没有含碳的迹象。虽然酒精无色透明，但是它强烈的酒味会立刻让我们相信它不是水。酒精遇到火极易燃烧，生成无烟的火焰，那么酒精中含有碳吗？

"从它的燃烧过程中我们找不到一点含碳的证据，既没有黑烟也没有黑色灰烬。这时，只能靠石灰水证明了。用铁丝缠绕一个小杯，倒入一点酒精，点燃后把它放进刚才装满空气的瓶中。等酒精停止燃烧，就把石灰水倒进去检测。石灰水变成了白色，问题解决了。现在，可以判断酒精这种像水一样无色透明的液体也包含黑色不透明的碳。

"用这种方法我们可以检验各种物质，只要燃烧后生成的气体会让石灰水变成白色，其中一定含有碳。我之所以反复做类似验证实验，就是想告诉你们：我们不能被物质的外表所蒙蔽，可以通过实验证明化合物的真实属性。我已经通过各种实验向你们证明，虽然仅从外表看，某些物质不像含有碳的样子，但实际却含碳。你们必须准备好接受更令人惊讶的事，那就是：一块石头也可以生成二氧化碳。"

强酸和弱酸

"白垩粉、大理石、石灰石都'含有'二氧化碳。碳酸是弱酸,酸性很弱,总是做好把自己的位置让给其他强酸的准备。所以,如果我们把一些强酸倒在这些小石子(即碳酸钙)上,强酸就会将其中的二氧化碳'驱逐'出去,同时占据二氧化碳的位置,和石灰石生成一种新的盐类。例如,硫酸可以把碳酸钙变成硫酸盐,磷酸可以把碳酸钙变成磷酸盐。在这两个例子中,都有二氧化碳生成,在石头的表面产生气泡。

"听起来很有趣吧。让我们实验下刚才人工制取的白垩粉吧。这是刚才杯子底部的白垩粉,还没有干,但这不会影响我们实验的成功。我滴一滴硫酸在白垩粉上,这堆混合物立刻沸腾了,产生了许多泡沫。这些泡沫是由硫酸驱除的二氧化碳小气泡聚集而成。现在,我们用天然的白垩粉做实验,取一根粉笔,用细玻璃棒蘸一点硫酸滴在粉笔上,当硫酸接触粉笔的时候形成了气泡,这是二氧化碳被置换出来的明确信号。

"之前我也介绍过,这种白色粉末的性质和白垩粉相同,而刚才的实验又再一次验证了这一点。这两种物质遇到强酸的时候都会形成泡沫,释放出同样的气体,如果我们分别大量操作,把所有气泡中的气体收集起来进行实验时,可以很容易地证实这一点。总之,它们不仅外表相似,内部结构也相同,换句话说,这两种物质是同一种物质。

"石灰石和前两者也是同一种物质,但是要怎么分辨出是否是石灰石呢?这个问题亟须解答,因为我们正在寻找这种石子来制取大量的二氧化碳,为后面的实验做准备。化学又告诉我们:鉴别石灰石强酸最可靠,只需要一小滴强酸就可以验证。

"这是我从河边捡来的石块,我用一滴硫酸实验过,没发生任何反应,也没有泡沫,可见这个石块中不含二氧化碳,不是碳酸盐,所以不能满足我们收集气体的需要。这是另外一块石子,我用相同的方法验证。当硫酸刚和它接触时就产生了泡沫,所以这块石头含有二氧化碳,它是石灰石。对于不熟悉石头产地的人来说,很难通过石头的外表分辨其是否是石灰石,这时都可以采用刚才的办法验证。"

埃米尔表示赞同:"这方法很简单,遇到强酸可以产生气泡的就是石灰石，不产生气泡的就不是石灰石。产生泡沫说明可以生成二氧化碳，否则就表示不含二氧化碳。"

碳酸盐的特性

"是的。我再给你们说一件事儿。石灰石是一种碳酸盐，化学上称其为碳酸钙，但是碳酸盐并不只有碳酸钙，比如铜、铅、锌等金属都有一种或一种以上形式的碳酸盐。但是，自然界中碳酸钙比其他物质的含量丰富，并且在地球上扮演着非常重要的角色，所以我希望你们特别留意下。大部分土壤都是由碳酸钙构成的，很多山脉中都含有石灰石。不管在自然界中的存在是多是少，所有的碳酸盐遇到强酸都会产生气泡，释放出二氧化碳，这是因为它们都含有二氧化碳。根据它们的这种特性，我们很快可以学到新的知识。

"从灶膛中取一把柴灰放在这个杯子里。如果我问你们这些灰烬是什么物质，你们怎么回答？很难回答吧，因为只凭看、闻得不到任何信息，只有巧妙的技巧可以帮助我们得出答案。我把一点硫酸倒在灰烬上，然后剧烈地反应，生成大量气泡。因此我们知道——谁能告诉我答案呢？"

"我知道，"埃米尔抢着说，"灰烬中有碳酸钙。"

约尔说："我觉得埃米尔的结论过于轻率。所有的碳酸盐遇到强酸都生成气泡，这只能证明灰烬中有一种碳酸盐，但是不能告诉我们究竟是哪一种。"

"约尔说得对。灰烬中确实含有碳酸盐，但并不是碳酸钙，是一种没有听说过的——金属钾的碳酸盐。虽然刚才的实验不能告诉我们灰烬中的金属是什么，但至少说明了灰烬中含有二氧化碳。所以，化学家们都是通过这样的实验来确定物质的属性的。比如你拿一块矿石或一把泥，或者其他任何物质给化学家检测，他们都会用一种化学药品检测，告诉你这东西里是否含铁；用另一种化学药品检测，然后确定里面是否含铜；再用第三种药品检测，确定里面是否有硫；照此检测下去，可以确定其中确实存在的成分。

"然而，铁、铜、硫这些元素都不是肉眼可以看见的，甚至在进行各种实验时肉眼也看不见。通过各种化学药品对该物质所起的反应可以推断出，其中确实存在这些物质。一块白色大理石接触硫酸产生气泡，可以得出大理石中含有二氧化碳的结论，推断出含有碳元素。同样，化学家也是通过这些检测确定一种物质中包含这样或那样的元素，不必用肉眼去观测。

"现在，让我们制备一些二氧化碳气体吧。为此我提前准备了大量的碎石灰石。我把一把石灰石放在瓶中，加入用清水稀释过的强酸，这样气体就不会生成得太快。如果气泡剧烈地冒出，那样就很难操作了。这个实验中我们使用盐酸，之所以不使用硫酸，是因为硫酸和石灰石会生成硫酸钙，也就是熟石膏，它是不能溶解的物质，它会附着在石子表面阻碍一部分酸继续作用，使气体的释放停止。为了保证实验顺利进行不被中断，石子表面必须保持清洁。换句话说，新的化合物必须在生成时就立刻离开，所以新的化合物必须能溶解在水中，我们使用盐酸可以达到这个效果。"

埃米尔又问道："什么酸？"

"盐酸。"保罗叔叔说。

约尔接着问道："您之前告诉我们，组成某种酸的非金属的名字后面加一个酸字就是酸的名字，但是盐不是非金属元素的名称吧。那它为什么叫盐酸呢？"

"我从两方面给你们解释下。首先，盐酸是由厨房里最常见的盐制成的，所以俗称盐酸。其次，硫酸、碳酸、磷酸都是含氧酸，而盐酸是不含氧酸。盐酸是氯气和氢气化合而成的，所以化学上叫它氢氯酸。氯元素，我希望你们不要忘了它，是一种在盐和氯酸里发现的非金属。至于氢，我就不再专门介绍了。

"简单地说，盐酸是一种黄色液体，酸味非常强烈，它在空气中蒸发会形成气味刺鼻的白色烟雾。我在装有水和石灰石的杯子中加一些盐酸，石灰石就会和盐酸发生反应释放出来二氧化碳，石子表面会出现剧烈的冒泡反应。我们会在下一节课详细说明这个化学反应。"

趣味小知识：

硫酸、硝酸、盐酸、高氯酸、氢碘酸、氢溴酸是六大强酸。它们都具有强烈的腐蚀性和氧化性，如果实验需要，一定要谨慎使用。

第 18 章　二氧化碳

将石头变成二氧化碳的实验

"昨天的实验让我们知道石灰石中含有大量二氧化碳，还发现，要从石灰石中获取二氧化碳，只需加入盐酸跟它反应。盐酸是最好的选择，因为它能使石头表面一直保持清洁，保证反应的持续进行。我们今天做从石灰石中制取二氧化碳的实验，实验装置跟制取氢气的装置一样——带有大软木塞的广口瓶，木塞上穿着两个孔，一个孔中插入一根直达瓶底的直玻璃管，然后在玻璃管上放置一个玻璃漏斗，也可用锥形纸代替。从漏斗上慢慢注入硫酸，以免泡沫产生过快，导致盐酸溢出。在软木塞另外一个孔中插入一根弯曲玻璃管，用来导出瓶中释放的气体。

"一个带大软木塞的广口瓶，软木塞上穿有两个孔，这就是我们所需要的装置（图 18）。我将一把最坚硬的石灰石的碎块放进了这个瓶子，因为我没找到大理石，要不然用大理石更好。现在只能用普通的石灰石了，只是它的杂质较多，容易把液体变浑浊，但是不会影响实验结果。我先倒进去一些水，然后塞上软木塞，把直玻璃管插入水中。然后，往里面倒一点盐酸。你们可以看到水中一阵骚动，如沸腾一般，这是因为石灰石中的二氧化碳正在释放。现在不用管它了，让它自己反应吧。但是我们需要时不时加点盐酸进去，保证反应的持续进行。"

图 18　制取二氧化碳的装置

　　埃米尔看见叔叔很随意地把瓶子放在一边，大声叫道："快拿水盆来收集这种气体。"

　　叔叔说："不用水盆也行，我们这样也能收集到二氧化碳。"

　　"但是会有些二氧化碳跑掉了啊。"

　　"没事，跑掉一点也没什么。二氧化碳很容易制取的，需要的石子路边随处可见，买盐酸也花不了几个钱。而且，我也是故意让二氧化碳跑掉一些的，因为瓶中还有空气，我得用二氧化碳把它赶走。

　　"现在空气差不多已经排空了。即使有，含量也极少。我将弯曲玻璃管插入一另外的广口瓶的底部。不一会儿，瓶中就会充满二氧化碳。"

　　约尔反问道："这个瓶子没有塞上软木塞，二氧化碳肯定会跑出来的，就算不跑出来，也会混入空气。"

　　叔叔回答道："不用担心。因为二氧化碳比空气重，经过弯曲玻璃管到达广口瓶后，会排开瓶中原来的空气，逐渐在瓶底聚集，将比它轻的空气排出瓶口，占据空气原来的位置。这样，二氧化碳就自瓶底向上充满了整个瓶子。想象一下，往油瓶中插入一根管子直达瓶底，然后注入水，会发生什么？是不是油逐渐被水取代而排出瓶子，这是因为水比油重。收集二氧化碳就是用了这个原理。"

　　埃米尔点头说："那我明白了。油和水从颜色上就能看出区别，但是空气和二氧化碳都看不见，我们怎么知道所有的空气都被二氧化碳赶出来了呢？"

　　"虽然肉眼看不到，但我们可以借助火焰来了解真实的情况。二氧化碳是燃烧的敌人，它不允许任何火焰的燃烧。我点燃一张纸条放在瓶口，如果纸条继续燃烧，说明瓶子的上半部分还有空气；如果纸条熄灭了，说明瓶中只剩下二氧化碳了。现在我来试一试，你们看点燃的纸条还未伸入瓶颈就已经熄灭了，这证明二氧化碳已经聚集到瓶口了。现在可以用这瓶二氧化碳来做实验了。暂时不需要制取二氧化碳的装置了，先放一边，等需要的时候，只需注入盐酸，让它与石灰石发生反应就可以了。"

二氧化碳变回石头的实验

"瓶子里就是二氧化碳，是无色透明的气体。化合作用将大量的二氧化碳'禁锢'在石灰石狭小的空间内。因此，一块还不到核桃大小的石头就能释放出好几升的二氧化碳。刚才我们用实验从石头中释放出了二氧化碳，现在我们要把它收回去——重新构成石头，即石灰石、白垩粉。

"我往装满二氧化碳的瓶子中注入了一些石灰水，用手掌紧盖住瓶口，然后晃荡，石灰水就立即变成了像酸奶一样的白色液体。我们静置一会儿，白色物质沉入瓶底，堆积成厚厚的一层。我们知道，这些白色堆积物就是白垩粉，它是石灰水和二氧化碳的化合物。所以，我们又得到了一个新的证据，证明石灰石中的确含有二氧化碳。

"二氧化碳消失了，又一次被禁锢在白色泥浆中，泥浆经过干燥和碾压后又变回石头。现在我再拿出制取二氧化碳的装置，重新制备二氧化碳，然后把它收集在这个瓶子中。我问你们，如果把点燃的蜡烛放进充满二氧化碳的瓶中，会发生什么呢？"

埃米尔说："跟点燃的纸条一样会熄灭。"

约尔又补充说："任何物质都不能在氧气或空气以外的气体中燃烧。"

果然，燃烧的蜡烛一靠近瓶口，就立即熄灭了，熄灭的速度简直跟在氮气中一样，连烛芯上的火星也立刻消失了。

保罗叔叔继续说道："虽然我们没有拿动物做过实验，但是可以确定，二氧化碳既不能维持燃烧，也不能维持生命。就像麻雀在氮气中一样，会立即死亡。现在，我们来证明二氧化碳比空气重。我们不需要水盆的帮助就收集到了二氧化碳，已经证明了这一点，但是我还要给你们看一个更明显的证据。

"我们用两个容量和瓶口大小完全相同的瓶子，右边的充满二氧化碳，左边的充满空气。点燃蜡烛，伸进右边的瓶子，蜡烛立即熄灭；伸进左边的瓶子，蜡烛继续燃烧。现在，我将右边的瓶子逐渐倒立，同时将瓶口对准左边的瓶子，使瓶口相对，就像把一瓶水倒进另一瓶水那样。虽然我们看不见气体的流动，但事实上瓶中的气体确实在调换位置。因为二氧化碳比较重，所以它会沉到下面的瓶子，占据空气的位置，把空气挤到上面的瓶子里。稍等一会，等两瓶气体完全交换完，我们用燃烧的蜡烛来实验。

"试验的结果是：蜡烛可以在右边的瓶子中燃烧，说明它里面已经被空气替换了。蜡烛在左边的瓶子中立即熄灭了，说明现在瓶子里已经是二氧化碳了。很明显，两个瓶子中的两种气体互换位置了。"

"狗窟洞"

"现在听好了。地上经常有二氧化碳逸出，尤其是火山附近。地上还有像泉水那样的二氧化碳泉，其中最著名的二氧化碳泉位于那不勒斯 ① 附近的普查里，人称'狗窟洞'，位于坚硬的山岩中，洞穴内的空气温暖潮湿，带着厚重的土腥味，泥土中还会冒出气泡。

"而且狗窟洞中还有一位管理员，为了赚取游客的钱，他经常表演危险的游戏。他用绳子捆住狗的四条腿，然后把狗放到洞窟中，他本人站在那里不动。这个洞窟从表面上看没有危险，既没有异味，也没有污秽，而且管理员也站在那里。可是躺在地上的狗却发出了痛苦的悲鸣，四肢抽搐，目光黯淡，脑袋低垂，似乎马上要死了。这时，管理员会把狗带出洞窟，解开了绑在四肢上的绳子，让它呼吸新鲜空气。狗这才挣扎着站起来，但是行动迟缓呆滞，慢慢恢复正常后飞也似的跑开了，很明显是惧怕第二次折磨。

"管理员是在训练它装死吗？并不是，狗的确是到了生死的边缘。经过

_____
① 意大利南部城市。——译者

每天数次的折磨后，它深知痛苦的原因，所以它每次远远见到游客时，都会高声狂吠，希望能够吓跑游客，不用做这么痛苦的表演。所以，每次管理员都要用皮带牵着，将它拖进洞窟。这可怜的小狗只能耷拉着耳朵，夹着尾巴，以示反抗。等到游客走后，酷刑一过，它就立刻变得活蹦乱跳。

"狗窟洞的原理非常简单。我说过，狗窟洞的地面会冒出二氧化碳，这种气体不能维持呼吸，动物只要吸上几口就会窒息死亡。而且，因为二氧化碳比空气重，所以会贴近地面，形成半米高的二氧化碳气层。管理员站着时呼吸不到二氧化碳，所以没有丝毫的不适。但是狗被捆住，放倒在地上，完全沉浸在二氧化碳中，因此变得奄奄一息。如果让管理员也躺在地上，会面临跟狗一样的惨痛经历。

"二氧化碳在狗窟洞中不断产生，但也不断从窟口逸出，在空气平静的时候，会形成一种看不见的气流，所以人们在穿过它时丝毫不会察觉。但是我们可以通过燃烧的蜡烛来检验它的存在，蜡烛不能在这种气体中燃烧，只要蜡烛火焰一浸入这种气体，就立即熄灭。这种方法可以测出这股气流延伸到洞外很远，超过这个距离之后，就会被空气冲散。"

还原"狗窟洞"的实验

约尔说："要不是狗窟洞离我们太远，我一定要去参观一下。"

保罗叔叔说："我也想去参观一下，但我不希望再用那只狗做实验。只需要点燃一根蜡烛就可以，看贴近地面时蜡烛是否会熄灭。

"如果只是想验证下，根本不用亲自去狗窟洞，我们在实验室就可以模拟出狗窟洞的环境。我们可以把广口瓶当作狗窟洞，用制取的二氧化碳代替狗窟洞地面的二氧化碳。现在，我往制取二氧化碳装置中加一些盐酸，使它重新产生二氧化碳，然后将弯曲的玻璃管伸入当作狗窟洞的广口瓶瓶底。因为二氧化碳本身的重量，从弯曲的玻璃管中出来后会聚积在瓶底，同时排挤出等体积的空气，逐渐积聚成一层厚厚的气体。因为两种气体都是无色透明的，所以没有任何东西能指示二氧化碳层的厚度。但是，根据产生气泡的活跃程度，我们可以预测瓶中聚集一半二氧化碳的时间点。这时，我会断开广口瓶与弯曲玻璃管的连接，停止气体输入。

"现在可以取出弯曲玻璃管了。此时，广口瓶就模拟出了一个人造的狗窟洞——底部是二氧化碳，顶部是空气。底部的二氧化碳和顶部的空气都是无色透明的，所以通过眼睛是无法看出分界线的。虽然看不见这分界线，但它是真实存在的。

"我将一根点燃的蜡烛慢慢伸入瓶中。起初它燃烧得非常旺盛，继续往下仍然在燃烧，直到到达一个点后，烛火变得昏暗起来。此处便是上下两层气体的分界线，如果我把蜡烛继续往下，使其完全浸入二氧化碳的包围中，它就会立即熄灭。这就是约尔想看的情景——随着蜡烛火焰位置的高低变化，火焰会燃烧或者熄灭。

"假设广口瓶中有两个高矮不同的动物，矮的动物完全沉浸在底部的二氧化碳层中，因为吸入的是不能维持呼吸的二氧化碳，所以很快就会死去；而高的动物头部则位于上面空气层中，可以呼吸到大量的纯净空气，不会感到任何不适。狗和人在洞中的情形正是如此。"

趣味小知识：

二氧化碳泉的主要成分为游离二氧化碳，其含量在 1 克/升以上时称为碳酸泉，俗称"天然汽水"。碳酸泉是受地表水渗透循环作用形成的：雨水降落到地表，向下渗透到地壳深处的含水层，形成地下水。地下水被下方的地热加热，成为热水。深部热水多数含有以二氧化碳为主的气体。当热水温度升高，如果被致密、不透水的岩层阻挡去路，会使压力愈来愈高，以致热水、蒸汽处于高压状态，一有裂缝即窜涌而上，便形成天然碳酸温泉。

第 19 章　生活中的水

喝进去的"二氧化碳水"

"如果你们觉得化学就是用各种实验来打发时间，那可大错特错了。虽然看镁在氧气中燃烧释放出耀眼的光芒，或者点燃氢气泡都非常有趣，但是我们学化学的目的不止如此。你们得明白，化学是一门严谨的学科，物质世界的一切都与它有关。今天我就给你们讲讲，为什么汽水、啤酒会产生气泡。"

"当我们开启汽水，或者把汽水倒入杯中时，都会冒出许许多多的气泡，啤酒也是如此，这都是因为其中含有二氧化碳。"

约尔问："汽水辛辣的口感也是因为二氧化碳吗？"

"是的，虽然二氧化碳是一种极弱的酸，但仍具有酸类物质特有的味道，只是比较淡。"

"这么说我们在喝汽水的时候也会喝下很多二氧化碳，这对我们的身体没有害吗？"埃米尔问。

保罗叔叔说："如果是大量的二氧化碳被吸入肺部，那确实有害，如果仅仅是进入了胃部，反而会因为具有轻微的酸性帮助消化。所以你们得明白，人们吸入二氧化碳时会窒息而死，但对于人的胃完全没有害处。就像人如果在水中呼吸，会因为吸入大量水而窒息，就是我们常说的溺水。但同时水也是解渴的源泉。二氧化碳和水一样：喝进去的二氧化碳没有危险，但如果有谁胆敢吸入大量的二氧化碳，就会立即死亡。"

"我们喝的所有水中几乎都含有天然的二氧化碳。我们平时喝的水，不管看起来多么清澈，都不是绝对纯净的，其中溶解了杂质。水壶用过一段时间后，其内壁通常积有石质的薄层，就是强有力的证据。这种石质薄层非常难清除，必须用高浓度的酸性物质，比如醋来清洗它。附着力如此之强，是因为它是真正的石头，与建房子所用的石头是一样的。其实它就是石灰石。即使是最纯净的水，里面都溶有石子，正如有甜味的水中肯定溶有糖，只不过我们看不见罢了。"

埃米尔说："这么说，我们一边喝水一边吞进去石子了，真难以想象。"

"可以这么说。但是这对身体来说是一件好事儿。因为身体的生长发育，必须要有大量的石灰石作为制造骨骼的原料。骨骼之于身体正如梁柱之于建筑。身体所需的石灰石不是我们自身制造的，而是从饮食中获得的。其中，水是获取石灰石的主要来源。如果喝的水中没有石灰石，我们就会发育不良，身形瘦弱。"

喝进去的"石灰石水"

"我们可以通过一个小实验，看下石灰石是如何溶解在水中的。这是一杯澄清的石灰水，我将制取二氧化碳的装置中的弯曲玻璃管插入杯底，澄清的石灰水立即变成了浑浊的白色。我们知道这是因为二氧化碳与水中的石灰化合后会生成碳酸钙——石灰石或白垩粉。我们以前做过这个实验，没有什么新奇的。我将二氧化碳持续通入石灰水中，澄清的石灰石是氢氧化钙，与二氧化碳反应生成了碳酸钙。如果向氢氧化钙中加入过量二氧化碳，那么碳酸钙就会变成碳酸氢钙。而碳酸氢钙可溶于水，因此石灰水又逐渐变得跟以前一样清澈透明。

"现在你们再看看，白色物质是不是没有了？液体又变得清澈。但是我们可以肯定，在这清澈透明的液体中，仍然含有刚才形成的碳酸钙。只是已经被溶解了，所以我们看不见它。我们总结下刚学到的新知识：含有二氧化碳的水可以溶解少量的石灰石。

"我还想告诉你们一点：如果把这杯澄清的石灰水静置几天，里面的二氧化碳会逐渐逸出，就像没有喝完的汽水放几天后二氧化碳逐渐消失一样。

"溶解的石灰石会因为失去部分二氧化碳而再次析出白色粉末。我们还可以加快这一变化：只需对液体加热，赶出其中的二氧化碳，便可以看到液体中再次出现白色粉末。通过这个实验，我们明白：首先，含有二氧化碳的水都会溶解少量石灰石。其次，如果把石灰石的水溶液长期暴露在空气中，或者进行加热，其中的二氧化碳就会跑掉，水中溶解的石灰石就会再次析出，形成沉淀物。

"我们前面说过，所有的泥土中都含有二氧化碳，空气中也含有二氧化碳。想一想，壁炉中烧着木柴，大气中就总会含有二氧化碳。雨水穿过大气落到地面，泉水从地下喷出时，都会遇到二氧化碳，所以会有一部分二氧化碳溶解在水中。当它们流入土壤时，很可能会溶解一些石灰石，这就是各种天然水中都含有碳酸钙的原因。

"如果这种水长期暴露在空气中，其中的二氧化碳会逐渐逸出，同时水中溶解的碳酸钙又会重新恢复成石子的形态，沉淀在水中的任何物体上。水壶等内壁的水垢就是以这种方式形成的。

"适合饮用的水中都含有少量石灰石。我刚才已经告诉过你们，石灰石是骨骼形成的必要原料。但是，如果水含的石灰石过多，胃会难以消化。水中石灰石含量最适合的是 1 升水含有 0.1～0.2 克石灰石。凡是石灰石含量超过这个数值的水，都不适合饮用。

"你们可能见过，泉水或者小溪流经小草或苔藓的时候，会在它的表面形成一种叫作石灰华的轻质岩石，这是因为水中含有大量的石灰石，这样的泉水被称为矿泉。比如位于克莱蒙费朗①的圣阿列勒泉就是著名的石灰矿泉。如果将树叶、花朵、果子放在泉水中，表面会生成石质沉淀，简直就跟用大理石雕出来的一样。很明显，这种水是不适合饮用的。"

埃米尔说："对，肯定不能喝。要是喝了这种水，胃壁上会结出一层石灰石，无法消化。"

身体需要喝"达标的水"

"家里的饮用水虽然不会含有这么多的石灰石，但也会引起一些问题，

---

① 法国中南部城市。——译者

特别是在洗涤的时候。你们留意过吧，用肥皂洗衣服过后水会变白，但并不是肥皂使水变白的，如果肥皂溶解在纯净的水中，比如雨水，基本上还是透明的。普通的水之所以会变白大多是因为水中含有石灰石。如果水中含有过多的矿物质，肥皂几乎无法溶解，而变成白色微粒，使水变成白色，就不会和污物发生反应，就不能有效去除污渍了。

　　"这样的水不仅不适合洗衣服，更不适合做饭，特别是烹调块状的食物。因为水中的石质会包裹在食物表面，就算煮一整天也不会熟。这种水当然也不适合饮用，如果我们喝了这种水，过量的矿物质会聚集在胃中，妨碍消化。

　　"你们需要知道饮用水的标准：水中必须溶解少量空气。我们烧水时，水底有小气泡冒到水面。这些气泡不是水蒸气，因为此时温度还不足以产生蒸汽。它们是溶解在水中的空气，在加热作用下被赶了出来，形成的气泡。饮用水必须含有这种溶解的空气，如果没有，那么这种水一定非常难喝，甚至相当恶心。开水刚冷却成温水时很难喝，就是这个原因。

　　"流动的水和泉水是最佳饮用水，因为它们在不停流动时常常与空气接触，因而能溶入大量空气。相反，沟渠中静止的水很少与空气接触，不容易溶入空气，而且常含有腐败的植物等，喝了会对健康产生有害的影响。

　　"一般情况下，水中通常都溶有少量的二氧化碳。现在，我还要补充一点：某些泉水的二氧化碳含量非常丰富，甚至会产生气泡，有轻微的酸味。这种水被称为起泡矿泉水，比较著名的是塞尔占、维希 ① 的泉眼。这种矿泉水通常用作医学用途。"

危险的一氧化碳

　　"最后，我们简单说下碳和氧化合而成的气体与我们呼吸的关系。提醒你们一下，我说的是'碳和氧化合而成的气体'，而不是二氧化碳，因为碳在燃烧时会产生二氧化碳和一氧化碳。二氧化碳是碳完全燃烧时生成的，而且我们已经知道二氧化碳不能维持呼吸，如果一个人大量吸入二氧化碳可能几分钟内就窒息而死。但是，它没有毒，我们的饮料中时常可以喝到它，特

---

　　① 　均为法国地名。——译者

别是汽水这样的气泡饮料中。我们吃面包时，也会吃到二氧化碳，面包中的小孔就是面团发酵产生二氧化碳形成的。我们呼吸时，也经常吸入二氧化碳，因为空气中通常含有二氧化碳。最后，人体本身也是产生二氧化碳的源泉，因为我们时刻都会呼出二氧化碳。

"由此可见，二氧化碳无毒。人吸入纯净的二氧化碳会死亡，并不是因为气体本身有毒，而是因为它不能供给我们维持呼吸的氧气。就像氮气也会致人死亡一样。

"一氧化碳则完全不同：它是一种真正有毒的气体，就算吸入很少都会造成致命伤害。因为它是无色无味的气体，只在造成伤害后人们才知道它的存在。我们经常会听到某人因在密闭房间燃烧煤炉而中毒身亡的新闻。一氧化碳便是造成这些不幸事件的罪魁祸首。即使只吸入了极少量的一氧化碳，人也会感到剧烈的头痛和全身不适，然后知觉减退、眼花、头晕、恶心，直至极度虚弱。如果这时不能得到救治，死亡随时都会来临。

"所以，只有我们了解产生这种气体的条件，才能防范危险。既然一氧化碳是碳不充分燃烧生成的，那么肯定是有东西阻碍了碳的完全燃烧，但是又没彻底熄灭。所以，燃烧时通风不良、缺乏足够的空气必然会产生一氧化碳。试想一下：开始，大部分燃料都是冷的，由于温度较低，通风非常迟缓，因此燃烧得很缓慢，发出很小的蓝色火焰。随着火焰逐渐变旺，蓝色火焰不见了。实际上，蓝色火焰正说明有一氧化碳产生，因为一氧化碳燃烧时会发出这种火焰而变成二氧化碳。所以，以后你们看见燃烧的燃料中有这种蓝色的火焰，那么就一定有一氧化碳存在。

"现在你们应该已经明白了，如果煤或木炭在这种情况下燃烧产生的气体，没有通过烟囱排到外面，而是逸散到房间，就会发生危险。如果房间不仅小而且是密闭的，就更危险了。在这种房间内，千万不要使用炭盆、煤球炉，因为通风不良、燃烧不充分，煤或多或少会释放出一氧化碳气体，不容易被察觉，使人防不胜防。有时候甚至还未发觉，人就已经死亡。

"人们坐在炭盆、煤球炉旁烤火时，通常会感到头疼，正是一氧化碳发出的警告。必须随时注意这种警告，以保障我们生命安全。"

第 20 章　植物在工作

用木炭、水和空气来做一盘鸡

保罗叔叔说："今天我要给你们讲一个我的朋友被著名厨师奚落的故事。"

那是在一个节日里，我的朋友看见厨师在厨房里忙碌，做着各式各样的菜肴，香气四溢。我的朋友就问："您在做什么菜？"

厨师得意地说："炖鸡。"说着掀开锅盖，香气更加浓烈。我的朋友大加赞赏后继续说道："你的手艺真棒。不过用上好的原料做出美味佳肴并不是什么难事。理想的烹饪是不用禽畜肉、不用鱼、不用野味、不用蔬果，却能做出美味佳肴。现在，烹饪前你还要先制备食材，这多么麻烦。如果我们可以用些容易得到的东西做出美味食物，那才是真正的好手艺。"

厨师听完愣了一会儿，大声地问："什么？不用鸡就能烧出鸡的味道，难道你有这样的手艺？"

我的朋友说："我当然没有这样的手艺了，但是我知道世界上确实有这样出色的厨师。要是与他相比，你和你的那些厨师同伴就显得笨手笨脚了。"

厨师的眼睛里闪烁着怒火，他的自尊心受到了严重的打击。

"那么，我问你，这位超级大师用的什么原料？如果什么食材都不用，他能做出美味的菜肴才怪。"

"他用的材料特别简单，你想知道吗，全都在这里了。"

说着，我的朋友从口袋里掏出 3 个小瓶子。厨师拿起其中一个看了看，只见里面装的是一种黑色的粉末。厨师尝了尝味道，又拿到鼻子旁闻了闻。

然后厨师说："这是木炭！你在逗我玩儿吗？我看看其他瓶子里是什么，哈哈，这是水，对不对？"

"是的，就是水。"

"那这一瓶呢，咦？怎么是空的？"

"不是空的，里装的是空气。"

"空气？哈哈，真是棒极了。那你的空气公鸡一定很容易消化吧。"

"你要不要试试？"

"你说真的吗？"

"当然，不开玩笑。"

"这位大厨真的能用木炭、水和空气来做一盘鸡？"

"能。"

厨师气得脸都青了，还不死心地问："这位大厨能用木炭、水和空气来做出鸡肉的味道？"

"能，一万个能。"

厨师的脸开始由青变紫，又由紫变红，终于爆发了。他认为我的朋友简直疯了，就是拿他在开玩笑。他抓着我的朋友的肩膀，把他推出了门，随后又把三个小瓶子扔在他身后。这时，他怒气冲冲的脸色才恢复了正常。不过木炭、空气和水可以做出一盘鸡的事实，却始终没有得到证明。

约尔问："你的朋友是真的在逗厨师玩儿吧？"

"当然不是，他拿出的三个瓶子里确实是美味佳肴的原料。我之前不是也说过吗？木炭的碳可以组成面包、肉、牛奶以及其他无数的食品。你们还记得把面包或者牛肉烤焦后的样子吗？"

"我知道了，你的朋友说的是化学成分。碳确实是组成面包的成分之一。那另外两种呢？"

"第二种是水，也很好解释。把一片面包放在炉子上，再拿一块玻璃板悬在面包上方，很快你就能看到玻璃板上结有一层水汽，跟我们从嘴里呼出的水汽一样。这层水汽就是从面包里蒸出来的。由此可知，看着很干燥的面包中是含有水分的。如果我们把一片面包中的水分全部提取出来，分量一定会让你们大吃一惊。可见，我们每次吃面包时也吃下了很多的水。"

　　埃米尔反驳道："我们是喝水，不吃水啊。"

　　"是因为面包中的水既不流动也不解渴，我才说是吃水。它是固体而不是液体，是干的而不是湿的，它可以咀嚼而不是喝的。直白地说它已经不再是水，而是与空气和碳化合后的产物。"

　　埃米尔说："我也承认面包里肯定有水，可是为什么说另外一个瓶子中的空气也是构成面包的成分呢？"

　　"关于食物中含有的碳、水、空气三种元素，我已经解释了前两种。但是，关于食物中含有空气这种成分，一时很难用简单的方法来证明，只能请你们相信我了。"

　　"我们当然相信你。你还想给我们讲些其他有趣的事情吗？"

　　"先不用着急，听我讲下去你们自然就明白了。你们已经相信：面包是碳、水和空气以某种方式结合后而成的，三种物质也变成了完全不同的物质。黑色的变成了白色，无味道的变得有味道了，不营养的物质变成了营养物质。

　　"加热肉类也可以告诉我们这一现象：肉可以变成碳，同时释放出含有空气和水分的气体。我不用再讲其他的食物了，因为答案都一样的。所有能吃的能喝的，能供给我们营养的东西，一切动物性和植物性食物，都可以还原成水、碳和空气，几乎没有例外。可以总结出：碳是一种单质，一种元素，所含的元素也只有碳一种；但水是由氢和氧构成；空气是氧气和氮气等气体混合而成。所以，碳、氢、氧、氮这四种元素是构成动物界和植物界中的一切的最主要成分。

　　"所以，我的朋友拿的原料确实可以做成任何美味佳肴，因为所有的美食都可以还原成碳、空气和水。所以说，这三个瓶子里确实含有鸡、鸭、鱼、肉等各种食材。不过，化学只知道分解物质然后变成各种成分，却不能像厨师一样把它们合并起来做成各种食物。"

世界上最伟大的厨师

　　"你朋友说的伟大的厨师究竟是谁呢？"

　　"是植物，具体来说是草。世上所有的宴席上，每一道菜所用的原料只有三种，只不过呈现的形式有无穷多种罢了。吃海里泥土的牡蛎①、靠根吸收土壤养分的松柏、奶酪上的霉菌……都依赖碳、空气和水，唯一的区别在于成分比例不同。人和狼的食物实际是一样的，都是从牛羊肉或者其他肉食中获取碳；而牛羊等动物又从草中获取碳。草呢？现在我们说到关键点了，草是牛、羊、狼、人等一切生物的养料提供者，它才是伟大的厨师。

　　"无论是人还是狼，都可以在动物的肉中找到由碳、空气和水结合而成的佳肴，牛羊可以在草中找到这种食物，只是不那么精致和美味而已。那植物本身究竟吃些什么呢？它是从哪里得到碳、空气和氧的呢？

　　"草不吃人类和动物的食物，它们吃天然的或者接近天然的碳、空气和水，因为植物有一个能消化碳，摄取空气和水的奇特的肠胃，然后将这三种物质转化成实实在在的营养物质，为动物提供碳、氢、氧、氮等元素。动物摄取了草中的这些元素以后，会进一步加工、改进和转化成自身的元素，最后人或狼吃了肉后，经过极细微的转化又将它们变成了人或狼身体的一部分。"

　　约尔说："原来如此。人用羊肉或其他食物制造成了自己的肌肉，牛羊通过食草制造自身的肌肉，而草用碳、空气和水中的元素造就了自己。归根结底，我们吃的所有食物最初都是由植物制造出来的。"

　　"对，是植物，也只有植物才能承担这样艰巨的任务。组成人的各种物质，不是来自植物本身，就是来自以植物为食的其他动物。羊或其他食草动物从植物中直接获取构成其身体的这些物质。植物却可以直接摄入不能吃的碳、空气和水中的元素，借助一个神奇的过程，将这些元素转化成适合动物生存的营养物质。就是通过这种方式，植物为地球上所有的居民提供了养料。如果植物停止了工作，所有动物将无法直接获取碳、氧、氢、氮而饿死。羊会因缺乏草料而饿死，狼会因缺乏羊肉而饿死，而人会缺乏所有食物而饿死。"

　　埃米尔说："现在我明白了。有了你朋友的碳、空气和水这三个瓶子，植物可以制造出一切事物。所以才称它为最伟大的厨师。"

　　"是的。再说植物的食物不是吃进去的，而是吸进去的。所以它不会直

_____

　　①　事实上，牡蛎吃的是有机碎屑和微型藻类。——译者

接摄取自然状态的碳——你们所知的黑色粉末，而是摄取已经溶解在其他物质中的碳。氧就是碳的一种溶媒，氧气将碳变成了二氧化碳，而二氧化碳正是植物主要的食物。"

植物吸收和释放二氧化碳

"就是那种我们吸多了会窒息而死的二氧化碳，却是植物赖以生存的东西？"

"是的。植物是靠二氧化碳维持生命的，而且可以将二氧化碳转化成我们的食物。你们要记住：无论何种呼吸、燃烧、发酵、腐烂，都会释放二氧化碳到大气中。如果没有一个把这种致命气体收集起来的东西，几个世纪以后，地球会充满着二氧化碳，到那时，地球上的所有的动物都会窒息而死。现在，我们先来看二氧化碳产生量的统计数据：每人每天呼出约 450 升（约重 880 克）二氧化碳，相当于 240 克已燃的碳和从空气中夺取 450 升（约重 640 克）氧气的分量。按照这个比例，全世界的人类（按 20 亿算）一年产生的二氧化碳约为 3285 亿立方米，其中含有 1752 亿千克燃烧的碳。

"如果把这些碳堆在一起，就是一座高山。这正是维持人类体温所需要的燃料量。我们人类每年必须摄入这么多的碳，把它转化成二氧化碳呼出体外，然后我们又会消耗掉同样数量的碳。自人类诞生以来，人类一定呼出了很多的二氧化碳，不知能堆成多少高山了。

"此外，地球上的陆地动物、海洋动物一年呼出的二氧化碳分量也是很惊人的，差不多可以堆成一座勃朗峰 ①。可见，维持地球上的生命所需的碳的数量是非常大的。它们最终都会转化成致命的二氧化碳。"

"统计并没有到此为止，所有的发酵物质，如葡萄汁、用来烤面包的面粉等，所有腐败物质，如垃圾桶中的垃圾、农耕中的肥料，也是二氧化碳的重要来源。即使在每一亩地上撒上薄薄的一层肥料，每天也能释放出 100 立方米甚至更多的二氧化碳。

"煤、木头、木炭以及用来做饭、取暖的燃料，还有工厂运转所需的大

_____

①　勃朗峰为阿尔卑斯山的最高峰。

量的煤，都会向大气中释放二氧化碳。试想一下，大型工厂每天都要消耗数以车计的煤，它的烟囱会排出多少二氧化碳呢？再想想火山，这些天然的巨型烟囱，每次喷发包含的二氧化碳的分量更是惊人。相比之下，工厂产生的二氧化碳简直不值一提。

"显然，虽然地球上产生的二氧化碳多到无法计算，但是无论是现在还是将来都不用担心动物会被闷死。大气随时在被污染，也随时在被净化：二氧化碳一旦进入大气中就被拘禁起来，那谁是负责拘禁的'警察'呢？就是植物。植物以吸收二氧化碳为生，不仅使我们免于窒息而死，还能为我们的生存制造食物。所有腐败物中都含有大量的二氧化碳，这正是植物的主要食物。植物那奇特的'胃'，非常喜欢腐败物。只要是死亡所破坏的东西，植物都可以把它重建起来。"

碳去哪里了

"有人担心我们呼吸的空气中含有的二氧化碳，实际上所含的分量很少，不足以危及生命。昨天，我在这个盆里倒了一些石灰水，倒的时候还是澄清的。现在你们看，它的表面结有一层透明的薄膜，用针扎一下会立即破裂。它究竟是什么物质呢？答案很简单：空气遇到石灰水后，其中的二氧化碳与石灰水化合生成了碳酸钙，这种碳酸钙与白垩粉不同，是一种透明的结晶薄膜。"

约尔问："我经常见到水泥匠制作三合土，在调制熟石灰的水面上，有这种白色的薄膜。刚开始我以为是冰，后来发现它在夏天也不会融化，才断定它一定是别的什么东西。"

"它跟盆中的薄膜一样，是碳酸钙，都是空气中的二氧化碳和溶解在水中的石灰化合而成的。既然讲到这里，那我问你们知道泥水匠怎么制作的三合土吗？我跟你们讲一下。烧石灰的工人将大量的碎石灰石放在石灰窑内加热至很高的温度，将其中的二氧化碳驱赶出来，最后只剩下石灰。水泥匠将石灰与水和成糊糊，然后和沙子混合，这样就制成了三合土。三合土可以涂抹到砖石缝上，增强建筑的稳固性。三合土刚制成时是柔软的糊状，很容易用来填补缝隙，由于其中的沙粒非常疏松，里面逐渐充满的二氧化碳与石灰化合，形成坚硬牢固的石灰石。一段时间后全部硬化，变得不易脱落。

　　"我们周围的空气中就含有二氧化碳：三合土变硬，以及石灰水表面生成的薄膜就是证据。但二氧化碳在空气中的含量并不多，化学家通过精密的仪器测定，2000 升的空气中含有不超过 1 升的二氧化碳。那么，持续不断地释放到大气中的那些二氧化碳到底到哪里去了呢？我们马上就会看到，是植物吸收了二氧化碳，把它当成了食物。

　　"在植物叶子的表面可以看到无数细孔，即叶孔（图 19）。一片叶子上约有超过 10 亿个叶孔，但是它们非常微小，只有用显微镜才能看出来。我无法给你们看它的自然形态，只能用这张图来说明。可以说，这些叶孔就是植物的'嘴'，通过叶孔吸收二氧化碳。大气中的二氧化碳，通过这无数的气孔进入植物叶子中，在太阳光的作用下，叶子开始工作，夺取了二氧化碳中的碳，和水制成某种化合物，把没有用到的氧气释放出来。换句话说，植物将二氧化碳重新分解成了碳和氧气，并且留下了碳。"

图 19　叶孔

　　"想要分离经过燃烧或氧化的两种物质，是非常困难的。化学家如果想要把二氧化碳中的碳和氧分离出来，必须使用最有效的药品、最复杂的方法和完备的化学设备。但是植物仅在太阳光照下就能轻而易举地完成这一过程。

"如果失去了太阳，植物就不能消化二氧化碳，就会处于饥饿状态，茎叶会失去健康的绿色，直至枯萎死亡。我们把植物因为缺少光照而产生的病态称为黄化或者漂白。如果将一块瓦片放在草上，过几天后你就会发现，瓦片下面的草都变黄了。在蔬菜种植中，会采用这种方法让蔬菜变得柔软，口感变得清新。

"相反，如果植物受到充足的光照，它就会立即将二氧化碳分解成碳和氧，氧气会从叶孔中逸出，又与氮气混合，再次参与燃烧和呼吸。过一段时间后，氧又带着新的碳变成二氧化碳，进入植物，其中的碳存储在植物的仓库里，氧则再次变成氧气，如此不断循环。正如蜜蜂来往于蜂巢和田野之间，出发时去找蜂蜜，回来时安放蜂蜜。氧好比是蜜蜂，而植物好比是蜂巢：氧从动物的血管、燃料的燃烧或正在腐烂的物质中获取了碳，然后以二氧化碳的形式回到植物中。植物得到碳后，又释放出了氧气，如此循环不息。

"至于已经与氧分离的碳，会继续留在植物中参与水的化合，转化成糖类、树胶、油类、淀粉、木质纤维或其他植物性物质。这些物质最后随着腐败作用或动物体内的营养作用而分解，碳再次变成二氧化碳，回归到大气中，供给植物的另一次吸收。植物吸收二氧化碳后，又把其中的碳制造成食品，供动物食用。

"我说过木柴中的碳可以制成面包，还说过我们的确可以吃到变为木柴的食物。埃米尔你还记得吗？"

埃米尔回答："我当然记得。以前听你说的时候还不能理解，现在完全明白是怎么回事儿了。木柴在炉子中燃烧后，里面的碳跑出来与空气中的氧化合生成了二氧化碳，并且逸散到了空气中。接着植物把二氧化碳当作食物吸收进去，碳就变成了米、面，或者是草，这样我们就有了米饭、面包、牛羊肉等食物。但是来自木柴中的碳，通过空气的传递，有可能变回木柴，再次在炉子里燃烧，也许经历了无数次循环才变成了我们所需要的食物。"

"是的，我们无法追究碳的踪迹。总的来说，碳元素可以从空气传递给植物，从植物传递给动物，再从动物传递给空气……这样永不停息地循环着。空气是公共仓库，所有生物都从空气中获得主要原料，然后制造出它们需要的各种物质。氧气是原料的输送者，动物可以从植物或者其他动物性食物中获得碳，然后与氧化合成二氧化碳，再释放到空气中。植物从空气中获得二氧化碳后，留下碳制造各种食物，再把氧还给空气。因此，动物和植物是相互依存的，前者制造二氧化碳提供给后者，后者用二氧化碳制造氧和营养物质提供给前者。"

约尔听完兴奋地说："这节课是所有化学课中最神奇的。当你讲到你的朋友拿三个瓶子把厨师脸都气青的时候，我还以为只是个好笑的故事，没想到竟然如此有趣而又严肃。"

"是的，我告诉你们的故事也许对于你们来说太过严肃了。但是我觉得植物和动物之间相互依存的关系实在是太美妙了，所以忍不住想要你们了解它。"

水中的植物实验

"现在先让我们来做另外一个实验吧。要证明植物的确分解了二氧化碳，释放出氧气，最简单的方法是在水下进行实验，这样就能观察到释放氧气的过程，然后把它收集起来。水中通常溶有少量的二氧化碳，或来自土壤，或来自空气。因此，我们无须为浸在水中的植物提供二氧化碳。

"广口玻璃瓶中装满普通水，然后往里面投几片新摘下来的完整叶子。如果有水生植物就最好了，因为用这种植物叶子能获得更迅速更持久的实验结果。然后，用玻璃漏斗将叶子罩住，拿一个装满水的小玻璃瓶倒扣在漏斗柄上，再把这一套装置放在阳光下暴晒。不一会儿，叶片表面生成了很多小气珠，渐渐上升到小玻璃瓶底，聚集成气层。实验后可以知道这种气体能让残留有火星的火柴复燃，因此它就是氧气。这说明，水中的二氧化碳被叶子分解后，释放出了氧气，并把碳留在了叶子中。

"不用实验装置，观察普通植物的生活也可以找到简单的证明方法。我们屋后的池塘里有许多蝌蚪，有的在水边晒太阳，有的在较深处游泳，活泼欢快，自由自在。水塘里还有许多软体动物在缓缓蠕动，各种小鱼觅食，小型贝壳类动物在摇尾前行。

"其中，无论哪种类型的动物，都呼吸着水中的氧气。如果池塘中没有氧气，这些小动物都要窒息而死了。另外，池塘底部的黑色淤泥中聚集着枯枝败叶、水生动物的粪便、各种小型生物的尸体等，这些腐败物质随时都在分解释放二氧化碳，对于蝌蚪、小鱼等是致命的危险。那么，池塘中的二氧化碳是如何被消除的呢？氧气又是从哪里来的呢？

"正是水生植物负责了这一工作。水生植物吸收了水中的二氧化碳，在太阳光的照射下，释放出氧气。腐败物养活了植物，而植物又养活了动物。各种植物在静置的水中担任打扫卫生的工作，其中最勤快的非丝藻莫属。丝藻是一种柔软的绿色丝状植物，长满池底的石子，像一条厚实的绒毯。如果我们把丝藻放进一瓶水中，在太阳光下暴晒一段时间，就会看到丝藻表面有无数的小气泡。这些便是二氧化碳分解得来的氧气。渐渐地，气泡越聚越多，最后将植物托浮到了水面。

"还有一个不需要特殊装置的实验。我们摘一片水生植物的叶子放入一瓶水中，再把瓶子拿到阳光下晒一会儿，就能看见这个制氧的小工厂开始全面运作了（图20）。在反应进行时，将瓶子移到阴凉处，气体就会立即停止释放，但如果重新放回阳光下，又会立即产生气泡。由此证明，这奇异的作用必须要有阳光才能进行。这个实验非常简单，我会留给你们自己做的。

图 20　水中的"制氧工厂"

"水生植物放在阳光下可以产生氧气，跟陆生植物对空气的净化作用一样。一切生长在水中的绿色植物，只要受到阳光的照射，都会放出含氧气的气泡，氧气溶解在水中，赋予水新的生命。因此，在静止的水中，只要有植物，就能维持无数水生动物的生命。

　　"如上所述，你们也许可以学到一些有用的知识。你们不是在杯子里养过金鱼吗？然而总是失败。这是因为杯中的水需要天天换，如果不及时换水，只要水中的氧气被消耗殆尽，鱼就会立即死亡。以后可以往杯中放一簇丝藻。这样植物和鱼会相互帮助，植物会给鱼提供氧气，而鱼会给植物提供二氧化碳，即使不换水，两者仍然可以生存。总之，如果你们想让鱼活命，别忘了用水生植物给它们做伴。"

趣味小知识：

　　植物以阳光作为能量来源，将无机物合成为有机物，而有机物是人类及其他动物食物的来源。植物的光合作物是包括人类在内的所有动物生命存在的根本。因此，人类更应该保护环境、爱护植物。

第 21 章　硫的神奇用途

二氧化硫的漂白作用

　　"你们对硫黄已经非常熟悉了，我就不再详细说了。火山附近通常有大量的硫黄喷出，有些是纯净的，有些不纯净的会含有泥土、沙石，就要想办法去除杂质。

　　"硫黄在氧中燃烧会产生美丽的蓝色火焰，同时还会生成一种带有刺激性气味的气体，人吸入后会咳嗽。这种气体叫作二氧化硫，其水溶液叫亚硫酸。之前我们已经做实验证明过。在普通空气中，硫黄燃烧得比较缓慢，火焰也比较昏暗，但同样会生成二氧化硫气体。当我们靠近燃烧的硫黄，或者摩擦火柴时，就能闻到呛人的二氧化硫气味。它有什么用处呢？这正是我们今天要讲的内容。不过在这之前，需要先去花园里摘几朵紫罗兰和玫瑰。"

　　很快花被摘了回来。保罗叔叔点燃了一小块硫黄，放在了一块砖上，然后把一束打湿的紫罗兰放在了火焰上方。湿润的紫罗兰接触了到二氧化硫气体，立刻变成了白色。孩子们看得真真切切。这着实让埃米尔吃了一惊。

　　埃米尔仔细看着叔叔的操作，大声叫道："太有趣了！快看，紫罗兰一遇到烟雾就开始变白了。开始有些是蓝白相间的，最终蓝色慢慢褪去，最后完全变成了纯白色。"

　　保罗叔叔说："我们换玫瑰试试。"说着，他把打湿的玫瑰花放在了硫黄火焰上方，不久玫瑰花也逐渐褪去了红色，最后变成了白色。埃米尔和约尔觉得这个实验既简单又有趣，很想自己动手试一试。

　　"好了，这个实验就到这里吧。有空的时候你们可以用别的花试一试，只要是有颜色的花就行。所有的花在二氧化硫中都会变白。由此可知，硫黄燃烧时释放的刺激性气体具有漂白的特性。

"这种漂白的特性可以应用到家庭中。我们先说最简单的用途，如果我们不小心把樱桃汁倒在了白桌布上，只用肥皂清洗不能完全清除污渍，但可以用硫黄烟雾迅速地除掉。因为樱桃和鲜花一样都含有植物色素。我将污渍润湿，然后放在硫黄火焰上方。为了将硫黄烟雾更准确地喷到污渍处，我在硫黄上方倒盖了一个小漏斗，用它来当作烟囱，把桌布上有污渍的地方对着漏斗口的上方。不一会儿，红色的樱桃汁就慢慢开始变白，就像玫瑰花和紫罗兰一样。现在我们只需将漂白过的部分放在清水中清洗，污渍就不会重新出现了。葡萄、草莓、桑葚、黑莓等水果渍，都可以用这种方法来漂白。

"我再说一个更奇妙的用途。所有丝织品和羊毛制品的天然色彩都不是纯白色，如果要使它们染色后带有鲜艳的颜色，必须先将它们完全漂白。另外，制作草帽的稻草，制作手套的皮革，在制造前也必须预先进行漂白才行。就是使用漂白紫罗兰、玫瑰和樱桃汁的二氧化硫来漂白羊毛、丝质、稻草和毛皮。"

硫黄灭火和消毒

"硫黄还有灭火的用途，是不是觉得很神奇？虽然硫黄本身可燃，但的确能灭火。"

约尔说："硫黄是一种易燃物质，如果拿它来灭火，岂不是提供了更多的燃料吗？实在不明白。"

"别着急，你马上就明白了。空气和燃料是燃烧的两个必备条件，缺一不可。试想，有一个地方失火了，火势很大，如果我们切断它的空气来源，它是不是就会立即熄灭？同理，如果我们不提供空气，取而代之的是另一种不能燃烧的气体，比如二氧化碳或氮气，火焰是不是也会停止燃烧？"

"我明白了，如果我们能将氮气或二氧化碳气流喷洒在火焰上，让不能燃烧的气体将助燃的空气赶走，火焰就会熄灭。可是这一点是我们很难做到的。"

"虽然不容易做到，但是在一些特殊地方并不困难，比如烟囱管道。烟囱里，火焰被密闭在一个狭小的通道内，空气的入口只有上下两端，尤其是底端进入，在这种情况下，往里面注入不能燃烧的气体是很容易的事情。假设烟囱失火了，用硫黄是能在最短时间内灭火的最简单的方式。任何不能维持燃烧或者本身就不能燃烧的气体都可以灭火，但这种气体必须能快速大量制得，不需要任何设备。显然，氮气和二氧化碳不是首选，因为它们制备起来较困难，过程缓慢。二氧化硫才是最适合的，它十分易得，因为只需往着火的烟囱下的壁炉撒几把硫黄就可以最迅速、最大量地产出气体。然后用一块湿布盖在壁炉的开口上，硫黄烟雾就会升入烟囱上方，赶走空气，就完成了整个灭火过程。"

埃米尔说："虽然硫黄可以灭火是事实，可听起来还是很不可思议。"

"二氧化硫还有一种用途。它可以用来杀毒。我们通常把各种寄生在其他生物身上的小型生物称为寄生虫，种类极多。寄生虫可以寄居在人体的各个部位，比如寄居在体外的虱子、跳蚤，寄居在体内的蛔虫、绦虫。有一种叫作疥虫（图21）的寄生虫，寄居在皮肤内，会像鼹鼠打洞那样在皮肤上穿凿小小的隧道。表面看是一种小疹，让人感到奇痒。这就是疥癣。"

图 21　疥虫

约尔问："疥癣是由皮肤中的寄生虫引起的？"

"是的。而且会传染，接触一个感染疥癣的人后，就会被传染。"

"疥虫是什么样子的？"

"它看起来就像一个小白点，只有视力极好的人才能看见。它的身体是圆形的，有点像乌龟，有八条腿，两对在前，两对在后，腿上长满了尖硬的绒毛。行走时会伸出八条腿，休息时则把腿蜷缩在拱形身体下，就像乌龟把腿缩回龟壳一样。嘴上带有尖钩和细刺，就是利用这两个工具，它可以在皮肤中挖掘出长长的隧道，像鼹鼠一样自由来往。"

"啊，叔叔不要说了，听得我鸡皮疙瘩都起来了。"约尔大声阻止。

"好吧！我现在来讲清除这种可恶的寄生虫的方法。因为它潜伏在皮肤内是看不见的。因为它们繁殖得太快，也不可能把它们全部捉尽。显然，吃药也没有用。要治愈这种疾病，只有一种方法，就是将皮肤中的疥虫全部杀死。但是，该如何安全地杀死它们呢？这是一个难题。

"虽然疥虫是微小的生物，但同样需要呼吸空气，所以我们可以使用二氧化硫气体充满疥虫所在的隧道。只要操作得当，使疥虫一次闻到足量的二氧化硫，它们就会被熏死在隧道内，这样就治好了疥虫病。因为二氧化硫是一种刺激性非常强的气体，就算我们在擦火柴的时闻到极少量的二氧化硫，都会痛苦不已。"

硫黄燃烧与催化剂

"普通条件下，硫黄燃烧只会生成二氧化硫这一种气体，我们已经用实验证明过。现在我要告诉你们的是，硫黄燃烧还可以生成含氧更多的三氧化硫。三氧化硫能与水化合成一种强酸，就是硫酸，我们制取氢气时用到过。

"我们已经知道，无论硫黄燃烧时氧气多么充足，产生的都是二氧化硫，那么我们该如何制取三氧化硫呢？化学家告诉我们：二氧化硫和氧气本来就可以化合成三氧化硫，只是在通常情况下不会发生，那么可以使用铂粉这种催化剂，让两者的混合气体通过炽热的铂粉。铂粉起到了促进其他物质的化学反应的作用，但是自己不会参与反应。催化剂能促使化学反应快速进行，就像给机械使用润滑油能使机器转动得更快一样。我们之前用氯酸钾制取氧气时，不是加入了二氧化锰促进氯酸钾分解吗？二氧化锰就是催化剂。

"按照上面说的方法制成三氧化硫后，将其通入水中，就可以制成硫酸，这种方法叫作接触法。还有一种铅室法也可以制取硫酸。我们知道很多化合物都含有丰富的氧，有的物质和氧结合得并不牢固，稍微加热就能让氧释放出来，比如把氯酸钾放在炭火上就可以产生氧气。有些物质比如硝酸，可以把自己所含的部分氧转给不含氧或者含氧不多的物质。硝酸是一种强酸，用途非常广泛，可以氧化不含氧或者含氧不多的物质。因此，如果将硝酸作用于二氧化硫，就会为二氧化硫输送一部分氧，让其变成三氧化硫，遇到水蒸气又可以变成硫酸。那些高耸的烟囱冒着黑烟的工厂中，无数的火炉中燃烧着硫黄，在制造工业上用途广泛的硫酸。燃烧纯硫黄或含硫丰富的黄铁矿得到的二氧化硫，会被导入到形如我们的房间的铅室中。然后往里面加入硝酸，释放出部分氧，二氧化硫就被氧化成了三氧化硫，再和水蒸气化合成硫酸。

"硫酸是一种油状液体，比水重约 1 倍。纯净的硫酸无色、透明，但通常都混有杂质而呈现黄棕色。浓硫酸遇水后会释放大量的热，我们在制取氢气时感觉到瓶子热，正是这个原因。现在我们再做一次实验来证明一下。

"在这个装有少量水的杯子中，我小心地注入了一些硫酸，搅拌均匀。这混合物立刻变得很热，摸摸瓶子就可以感受出来。硫酸有很强的吸水性，下面的实验也可以证明这一点。往杯子里面倒一些浓硫酸，然后放上几天，能明显看出来硫酸的体积变成了原来的两倍。这是因为硫酸吸收了周围空气中的水分造成的。当然，硫酸在吸收水的过程中酸性就减弱了。因此，想要维持硫酸的强酸性，必须将它保存在用瓶塞密闭的瓶中。

"强吸水性是硫酸最显著的特性之一。所有的动物性和植物性物质主要是由碳、氢、氧这三种元素组成的，无论哪种物质和浓硫酸相遇，都会被夺取其中的水分（氢和氧），只留下碳，就像燃烧过一样。

"因此，所有动物性或植物性物质与硫酸的作用称为碳化，就是被还原成了碳。比如，把一根火柴杆放进硫酸中，等过几分钟，火柴杆变成了黑色，就是被碳化了。"

趣味小知识：

在化工生产、科学实验和生命活动中，催化剂都能大显身手。例如：硫酸生产中要用五氧化二钒作催化剂；炼油时选用不同的催化剂，就可以得到不同品质的汽油、煤油；汽车尾气中含有害的一氧化碳和一氧化氮，利用铂等金属作催化剂可以迅速将二者转化为无害的二氧化碳和氮气。

无色墨水

"接下来，我再做一个更有趣的实验。我往一小匙水中滴一滴硫酸。这时它看起来虽然还和水一样，实际上跟柠檬一样酸。我将用这无色的液体当作墨水来写字，因为钢笔和毛笔都会和硫酸发生反应，所以我选用了一支鹅毛笔。我用的纸是普通的白纸。现在你们看好了。"

说着，保罗叔叔从埃米尔的本子上撕下了一张白纸，用鹅毛笔蘸了一点滴入了硫酸的水，在纸上写了几个字，等字迹干了以后纸上却什么字都没有，就像用清水写的一样。"

保罗叔叔把纸递给两个孩子看，说："你们能看得出来我在这张上写的什么吗？"

约尔把纸对着光看了又看，还是没有看见任何字，甚至连写字的痕迹都没有。

埃米尔说："叔叔你用的墨水一点都不黑，我什么字都看不到。如果不是亲眼看见你写字，我一定会说这张纸根本没用过。"

保罗叔叔说："但是我有办法让字马上现形。这些隐形的字马上就要显形了。我把它放在火上烤一下，你们就能见证神奇的变化。"

果然，那张纸就像被施了魔法一样，受热后立即显现出了黑色的字体。有些字一下子就全部显现了出来，有些字则先出现了一部分，随着纸在火上移动又出现了另一部分。不一会儿，字迹全部显现了出来。

埃米尔看着一个个显现出的黑色字体，惊奇地说："神奇！太神奇了！叔叔，把你神奇的墨水借给我一下，我要让我的朋友看看。"

"拿去吧。它已经被稀释了很多倍，不会有什么危险了，就算不小心溅到手上也没事儿。现在我来解释一下无色墨水写出黑字的原因。纸是用破棉布、竹子、木材或稻草等做成的，因此它含有碳、氢、氧三种元素。纸受热后，无色墨水中极少量的硫酸会夺取纸中的氢元素和氧元素，留下的碳就显现出了黑色的字迹。这就是无色墨水的秘密。"

危险的硫酸

"刚才的实验足够让你们见识到浓硫酸的危险性。它可以轻易将一切植物性物质变成木炭。它不仅是一种强酸，简直就像一团烈火。所以，你们在用硫酸时要非常小心。即使衣服上只沾了很小一滴，也会被腐蚀成一个焦黄的破洞。如果是皮肤上沾了一滴浓硫酸，需要立即用大量水冲洗，否则就会腐蚀出一个伤口，引起剧痛。

"虽然硫酸是一种危险品，但它在制造业中用途极大，各种织物、皮革、玻璃、肥皂、蜡烛、燃料、纸、墨水……都会直接或间接地用到硫酸。我的意思是，在制造这块棉布、这张纸和这块肥皂的过程中都要用到硫酸，而不是说那些物品中含有硫酸。硫酸是制造业中非常重要的原料，没有它，就不能完成各种转化，也就不能制造出各种各样的物品。

"以玻璃为例，玻璃是由熔融的沙子和碳酸钠制成的。沙子是大自然的产物，但碳酸钠需要我们自己制造。我们可以用硫酸和食盐制造出硫酸钠，进而再制造出碳酸钠。所以说，虽然玻璃本身不含硫酸，但硫酸仍然是制造玻璃的必需品。因为，如果没有硫酸，就无法制造出碳酸钠，也就无法制造出玻璃。同样，制造肥皂也离不开硫酸，道理和制造玻璃一样，因为肥皂中含有大量的碳酸钠。煤在火炉中燃烧产生蒸汽，推动机械运转，而硫酸可以促成各种重要的化学反应——这两者是现代制造业中有效的推动力。"

第 22 章　氯和含氯化合物

分离食盐

"食盐我们很熟悉，我告诉过你们，食盐的化学名字叫氯化钠，是由非金属氯和金属钠组成的。"

埃米尔已经听说过氯化钠，好奇地问："是要给我们看看钠吗？"

"不是的。虽然可以在药店买到钠，但是太贵了，我们的小实验室是买不起。所以，你们只能根据我的描述想象钠的样子。如果切开钠，新的切面闪耀着铅一样的光泽；质地柔软，用手一压就扁，可以像蜡一样被塑造成各种形状；放在水中，会漂浮在水面上；易燃，燃烧时像火球一样不停地旋转。草木灰中的金属钾和它性质类似，但反应更加剧烈。现在我们来看看，为什么这两种元素一遇到水就会着火。

"水是由氢和氧两种元素构成的。参观完铁匠铺我们就知道了，烧红的铁可以分解水，夺取水中的氧气释放出氢气。钠、钾，还有一些其他物质，尤其是石灰中的钙，都和铁一样能分解水夺取氧，释放出氢。它们与水的反应比铁更剧烈，而且不需要加热。氧和金属化合会释放出大量的热，这热量会点燃反应释放出来的氢，这就是为什么钠在水面上像火球般旋转。火焰熄灭后，钠会消失得无影无踪，但它的氧化物——氧化钠，会溶解在水中，溶解液有着碱水一般的气味，它能使红色石蕊试纸变蓝。

"虽然不能把食盐中的钠分解出来给你们看，但可以给你们看组成食盐的另外一种元素——氯，比钠更重要的一种元素。要从食盐中得到氯，可以向食盐和二氧化锰的混合物中倒入硫酸，然后慢慢加热。

　　"这个操作需要的装置和制取氧气的装置一样。在玻璃烧瓶中，我放了一把食盐和等量的二氧化锰，均匀混合，再注入硫酸。然后用带有弯曲玻璃管的软木塞塞住瓶口，把烧瓶放在炭火上缓缓加热，不一会儿就有氯气释放出来。氯气比空气重，所以可以像收集二氧化碳一样收集氯气。也就是选一个广口瓶作为氯气的集气瓶，把导气管直接插到广口瓶的底部。

　　"迄今为止，我们讲的都是空气、氮、氧、氢、二氧化碳、一氧化碳等无色透明的气体，我们肉眼看不见它们。但是如果你们认为所有的气体都是这样的就大错特错了。我们现在讲的氯气就是一种可见的黄绿色气体，因此也叫作绿气。

　　"氯气有淡淡的颜色，而且比空气重，所以我们可以看见瓶中的氯气将空气赶了出来，然后占据了空气的位置，聚积在瓶底。看这里！集气瓶的底部出现的黄绿色气体就是氯气，上面无色透明的气体则是空气。等再过几分钟，氯气就会到达瓶颈，充满整个瓶子。"

　　黄绿色气体充满整个瓶子后，保罗叔叔立即用一块玻璃盖住了瓶口，但是还是有少量的氯气逸散到了房间中，也许是保罗叔叔想要让孩子们感受一下难闻的氯气吧。埃米尔闻到氯气的味道后，简直是永生难忘。因为他离集气瓶很近，一有氯气逸出就闻到了，接着便咳嗽不止。埃米尔边咳嗽边拍着胸脯，想要把吸进去的氯气拍出来，但咳嗽依然不止。

　　保罗叔叔安慰他道："不用害怕，过几分钟就好了。这是因为你吸入了一些氯气，不过量很少而且混合了大量的空气。喝杯白开水吧，清一下喉咙，马上就好了。"

　　埃米尔喝完水后果然停止了咳嗽。经过这次教训，埃米尔变得小心翼翼，再也不敢靠近装氯气的瓶子了。

　　保罗叔叔说："其实吸入少量稀薄的氯气没有关系的，你有点小心过头了。而且对于大量吸入含有腐败物质的污浊空气的人来说，吸入点氯气还是有益的，但是，单纯吸入大量纯净的氯气，就相当危险了，这样呼吸几次以后人会丧命。"

　　埃米尔说："我也觉得是这样，你们看我就吸入了那么一点就咳嗽不停。食盐竟然是由令我们窒息的氯气和烧掉我们的嘴的钠组成的，这简直太不可思议了。幸亏两种物质化合后完全改变了它们的性质，不然以后我绝对不敢吃盐了。"

保罗叔叔又说："氯从氯化钠中分离出来，重获它们原有的猛烈本性，这也是非常幸运的。因为在有些工业领域中，氯是一种很重要的原料，主要用途是漂白。现在，我将一些墨水倒入这个氯气瓶中，然后震荡一下瓶子，使氯气与墨水充分接触发生作用，一会就可以看到墨水渐渐变成了淡黄色，看起来就像泥水一样。这是因为，氯气破坏了墨水中的黑色物质。"

消失的字迹

"再做一个有趣的实验。我从旧本子上撕下来一张纸，用普通的蓝墨水写了很多字，再用水把纸打湿，为什么必须打湿我后面再讲。然后把纸放进收集的第二瓶氯气中，一会就看见字迹慢慢消失，最后变成没写字的白纸一样。我把这张纸从瓶子中拿出来，让你们仔细检查一下，看看能否辨认原来的字迹。"

埃米尔和约尔拿着纸反复检查了很多遍，都看不出任何字迹，真的像没写过字的白纸一样。隐约能辨认出几笔用力较大的划痕。

约尔说："字迹全部消失了，这张纸就像新的一样。二氧化硫能将紫罗兰漂白，那么也能将墨水漂白吗？"

"不能。二氧化硫的漂白能力很弱，因而它不能将墨水漂白。氯气正好相反，具有很强的漂白能力，所以氯气是工业上最重要的漂白剂。虽然它可以漂白大多数染料，但并不能漂白所有的颜料。下面的实验就能证明这一点。

"我从废报纸上撕下了一页纸，然后用普通墨水在上面胡乱写几个字。等到墨迹干了以后，用水润湿这张纸，然后放进氯气中。你们可以看见，我写的字消失不见了，但报纸上的印刷字体却还保持着原来的黑色。在氯的作用下，墨水写的字和空白处已经被氯气漂白了，整张报纸像新的一样。"

约尔疑惑地问："氯气可以漂白墨水写的字，却不能漂白印刷的字，究竟是为什么呢？"

　　"这是因为墨水的材料不同。印刷油墨是用油烟和亚麻籽油制成的，油墨是油类，燃烧后产生的烟炱是碳的变形，很难和氧化合。氯气之所以有漂白效果，是因为它夺取了水中的氢，释放出氧再与墨水化合成一种无色的化合物，这也是为什么必须把纸打湿的原因。因为油烟极难被氧化，所以不与氧气发生反应，所以油墨依旧保持黑色不变。而墨水不一样，它里面含有很多成分，通常含有硫酸亚铁、没食子酸，没食子酸可以被氧化，变成无色化合物，所以颜色就会褪去。"

氯气的漂白作用

　　"在纺织业和造纸业中，经常用氯气作为漂白剂。我们能得到雪白的亚麻布、洁白的书写纸，都得归功于氯气。想要制取氯气，我们必须要使用食盐，以硫酸为工具。由此说明，硫酸在制造业中十分重要。

　　"苎麻和亚麻本来的颜色偏红，只有经过反复洗涤才能除去这种颜色。因此，亚麻使用的时间越长，洗的次数越多，它就会变得越白。以前人们都是把亚麻布铺在草地上，白天日晒夜晚露水浸润，数周后红色才慢慢褪去。

　　"但是这种漂白方法非常费时，还需要宽阔的场地，所需的成本自然也就很高。因此，近代工业会使用比太阳和露水更加有效和省时的漂白剂来漂白棉麻等织物，这种漂白剂就是氯气。你们刚刚见识过，氯气有迅速漂白墨水的能力。既然如此，它自然能轻易地漂白亚麻和棉纺织品的淡红色。"

　　约尔问："是不是羊毛制品和丝织品也能用氯气漂白？肯定比用二氧化硫还快。"

　　叔叔回答道："这可不行。因为氯气会腐蚀羊毛制品和丝织品，把它们变成一堆泥浆一样的东西。"

　　"那为什么棉麻织物不会被腐蚀呢？

　　"这是因为，各种物质对氯气的抵抗能力不同。你们想想，棉麻等织物是不是比羊毛和丝织品耐用得多，可以浸泡在肥皂水中，历经反复洗涤、揉搓、敲打和日晒雨淋而不会破损。棉麻制品的原料是亚麻、棉花等植物性纤维，氯气只能将植物性纤维漂白，但不会造成破坏。但是羊毛、蚕丝制成的丝织品，氯气不仅能将它们漂白，还能破坏其中的动物性纤维。

"氯气是常用的漂白剂，所以很多工厂都会专门制备氯气。为了便捷，他们会用石灰来吸收大量的氯气，化合后生成的白色粉末跟石灰很相似，具有强烈的臭气，化学名叫作次氯酸钙 [$Ca(ClO)_2$]，工业上叫它漂白粉。它是一种存储氯的仓库。"

造纸的方法

"现在我给你们讲讲氯气在造纸中的应用。你们在写字时想过纸是怎么来的吗？几千年前，巴比伦和尼尼微的亚述人用尖笔在未干的土上写字，再放到窑中烤干，这样文字就可以长时间保留。如果有人想给朋友写信，就得写一块笨重的土板送过去。"

埃米尔吃惊地说："如果那时送信的人像现在的邮递员每天都要送一兜子信的话，他肯定被压得走不动路了。"

"对啊。如果他们想给后人写一本书，只是这一本书就会占满整个图书馆。每一块土板是书的一页，要是写一本像现在我们读的几百页的书，估计一个图书馆都不够用。可见，在远古时代，因为书籍笨重，不好收藏，这种土板书很少有残片流传下来。考古学家在尼尼微和巴比伦的遗址中，挖掘出了极少数的古代土板书的残片，上面的文字已经破译出来了。

"很久以后，在东方的某一区域，又发明了另外一种奇怪的书写方法。他们用削尖的芦苇当作笔，把烟炱和醋混合调匀当墨水，将晒成白色的扁平的羊肩胛骨当作纸。一篇文章或者一本书是由绳子串起来的羊骨构成的。

"古代的欧洲，尤其是在文明高度发达的古希腊和古罗马，人们通常使用表面涂有薄蜡层的木片和一头尖另一头扁平的刻笔书写。尖的一头在蜡版上写字，平的一头用来擦掉错别字和刷平新的表面。

"古埃及人最先发明了类似现代纸的东西。当时，尼罗河两岸生长着很多芦苇，人们称它为纸莎草（papyrus）。芦苇秆外有一层白色的薄皮，可以一条条剥下来，放在河水中浸透，然后一条条排列起来，再往上横铺一层同样的白色薄皮，用锤子将它们锤平，这样就做成了一张可以写的纸。笔是削尖的芦苇秆，墨汁仍然是烟炱和醋制成的。我们现在用的纸的英文 paper 就来自 papyrus 这个单词。

"这种纸并没有被切成我们熟悉的长方形，而是按照字的多少切成一长条。因此，一本草纸书的全部内容都写在一张纸上，为便于携带，会用木轴卷起来。我们现在的书都是一页一页的，每一页两面都有字。而古代人读书则不同：他们是把书慢慢展开来看，而且只有一面写有文字。

"中国人发明了真正的纸。公元9世纪，阿拉伯人从中国引进了造纸方法，但直到13世纪才广泛流传开来。约公元1340年，法国建立了第一个造纸厂。现在，你们所看到的纸都是用木、竹、棉、麻或者破布制成的。下面我介绍下现代造纸技术。

"先将原材料切细，加入药品煮沸，溶去其中的杂质，再用水洗涤，放入装有锋利刀片的圆筒中绞碎，最后得到灰色的纸浆。接着要漂白纸浆，此时用到的就是含有大量氯的漂白粉。

"但是，要得到适合书写的纸，必须保证墨水写在纸上后不向各个方向渗透。为了达到这个目的，可以向纸浆中加入适量的树胶和淀粉等物质，这样纸的质地就会变得密致、不易渗透，这个过程叫作上胶。纸浆经过氯气漂白和上胶处理后，就可以进行最后一步操作了。

"纸浆悬浮在水中会流经一个细金属网，纸浆中较粗的颗粒留在金属网上，较细的颗粒则会穿过金属网，流到另一个随滚筒旋转的更细的金属网上，滤去纸浆的水分，铺成一个均匀薄层。这个薄层就是未干燥的纸，被转动的细金属网送到一块很宽的毛巾上，吸收纸上多余的水分，之后被送到几个相连的空心圆筒上。在空心圆筒内部蒸汽的加热下，上面的纸变得干燥紧实，然后又被卷到另外一个圆筒上，就形成了一条连续的无限长的宽纸。完成这一操作后，纸会被卷到另外一个圆筒上，切割成各种需要的尺寸。

"以后，无论是读书还是写字时，你们要记住：正是因为从食盐中制取的氯气的功劳，纸才变成美丽的白色。"

趣味小知识：

造纸术是中国古代四大发明之一。在西汉时期中国就已经有了造纸术，东汉的蔡伦改进了造纸术。蔡伦用树皮、麻头及敝布、渔网等原料，经过挫、捣、炒、烘等工艺制造的纸，原料容易找到，又很便宜，质量也提高了，逐渐获得普遍使用。为纪念蔡伦的功绩，后人把这种纸称为"蔡侯纸"。

第 23 章　氮的化合物

具有强腐蚀性的硝酸

"今天我们讲氮的化合物——硝酸（HNO_3），在这之前先讲一下制取硝酸的方法。一般的酸大多是先将非金属氧化或燃烧成酸酐，再与水反应制成的。但是用这种方法比较难制取硝酸，因为氮气是惰性气体。一般情况下，它很难与其他元素化合。炉子中每天发生的事情就证明了这一点。随着燃料的燃烧，空气这种氧和氮的混合物在炉子里面不断地流动，炉子的温度会变得很高。尽管温度很高，但是氮并没有与氧化合，进入炉子时是氮气，出来时仍然是氮气。

"想要氮气和氧气直接化合成硝酸也并非不可能，但是需要借助复杂的设备，在我们这个小实验室是无法实施的。现在，我们想要制取硝酸，只能靠天然的含氧、含氮的物质了。

"我们在潮湿的墙壁上经常可以看见一种白色粉末状的物质，之前我们还介绍过，这就是硝石，化学名字叫硝酸钾（KNO_3），是氮和氧在潮湿的环境下化合产生了硝酸，再遇到石壁中少量的钾盐后，与它化合成了硝石。因为硝石中含有大量的氧元素，所以刮一些撒在炭火上，会产生耀眼的火焰，分解出氧气，使木炭烧得更猛烈。因此，硝酸钾是最适合我们实验室制造硝酸的原料。

"用硝酸钾制取硝酸很容易，只要与强酸相互作用，让硝酸钾中的钾和强酸中的酸相互交换就可以得到。其中的强酸选硫酸最合适。我们把浓硫酸注入硝酸钾中并进行加热，接着便有硝酸气体释放出来，用一个冷接收器收集起来，最后冷凝成硝酸液体。

　　"硝酸是性质非常活泼的强酸，通常又称为'镪水'，一个'镪'字就表现出它极强的腐蚀性。如果皮肤上不小心沾了一滴硝酸，会立即被灼烧成焦黄色，变成一块死皮脱落下来，留下永久的疤痕。如果把硝酸装在一个带软木塞的瓶子中，它会迅速将软木塞腐蚀成黄色的木浆。

　　"硝酸是氧的仓库，极容易将氧释放出来。因此，与硝酸接触的大多数物质都会被腐蚀或燃烧，所谓的燃烧虽然看不到火焰，但跟燃烧产生的效果完全相同：硝酸中的氧与其他物质发生高热化合反应。

　　"现在我们看看硝酸是怎么腐蚀金属的。取一些铁屑，倒入一些硝酸，混合物中立即会升起一阵浓密的棕红色烟雾，还伴有某种声音，同时温度也升高了。几分钟后，铁屑被完全燃烧成了铁锈。我再用锡箔做同样的实验，同样会升起一阵浓密的红棕色烟雾，还伴有同样的声音和温度的升高。锡箔也被烧成一堆白色糊状物质，或者称为锡锈，也就是氧化锡。如果用铜做同样的实验，结果与上面的实验类似，唯一不同的是生成的铜锈溶解在酸液里，最后变成了蓝绿色液体。但是，也有不会被硝酸腐蚀的金属，比如永远不会生锈的金。

　　"这是一张镀金用的金箔，现在把它放到硝酸里面，没有任何反应，它仍然保持着金属光泽，即使把硝酸加热到沸点，也不会有任何反应。因此，金匠可以利用硝酸鉴别外表相似的黄金和铜：遇到硝酸没有变化的是黄金，产生红棕色气体的是铜。

　　"人们常利用硝酸能腐蚀锌的性质制作锌版，用于印刷。制作过程分5 步。

　　"步骤 1：在雕刻锌版时均匀涂一层感光膜。这层感光膜由蛋白和重铬盐酸制成，遇光后，其可溶解于水的性质就会变成不可溶于水。

　　"步骤 2：将特制的照相底片反贴在锌版的感光面上后，在强光下曝晒。光线会通过底片的透明部分作用于感光膜，将其变成不可溶于水的物质。

　　"步骤 3：将曝光后的锌版涂上油墨，浸在冷水中洗涤，锌版上没有受到光照的胶膜会完全溶解，留下清晰的覆有油墨的字。

　　"步骤 4：烘热锌版，让油墨具有黏性，再撒上红粉（即麒麟血粉）。冷却后，锌版就硬化并变得耐酸腐蚀。

"步骤 5：将锌版与稀硝酸反应。锌版上没有耐酸物质覆盖的部分就会被硝酸腐蚀凹陷，等锌版表面被腐蚀到适当深浅后洗去硝酸，锌版上就会清晰地呈现出字。

"到现在为止，关于硝酸的内容我们讲的差不多了。接下来我们研究下硝石吧。"

黑火药和难闻的氨气

"硝石的主要用途是制造黑火药。将一定量的硫黄、木炭、硝石按照一定的比例混合，就制成了黑火药。我们知道，硫黄和木炭易燃，硝石中含有大量的氧，具有很好的助燃性。因此，当黑火药被点燃后，硝石就会释放出大量的氧气，帮助硫黄和炭燃烧。此时会生成很多气体。如果让这些气体自由扩散，它的体积会扩大到原来火药体积的 150 倍，但如果把这些气体密闭在很小的子弹壳内，它就会猛烈地推开子弹，引发爆炸，就像一根压紧的弹簧能爆发出极强的推力一样。

"下面，我让你们认识氮的另一种化合物，它在农业中有着举足轻重的地位。你们看这个瓶子里，装了一种像水一样的液体。但是必须警告你们，不要打开盖子闻，因为这种液体的刺激性很强，闻了以后会非常难受。你们可以将软木塞稍微润湿，小心地闻一下，然后告诉我是什么味道。"

埃米尔自从闻过氯气的味道后，对一切化学品的味道都非常小心。他小心翼翼地拿起瓶塞闻了闻，不禁大叫起来："我的天哪！它进入我的鼻子后，我就感觉被千万根小针刺痛一样。"说着，他揉了揉被刺激出泪水的眼睛，然后把瓶塞递给了约尔。

约尔一闻就认出了它："咦？这是阿摩尼亚水呀。我在洗衣店看见过店员用它来清洗衣物上的油渍。这种液体非常臭，刚一靠近我就闻出来了。而且埃米尔都被熏出了眼泪，我有一次闻也这样，所以它就是阿摩尼亚水。"

"你说得非常对，这就是阿摩尼亚水，化学名叫氨水。它能与油脂化合成可溶性化合物，所以可以用来洗掉衣服上的油污。用刷子蘸一点氨水，刷在衣服上有油渍的地方，然后放入水中冲洗，就可以除掉污渍了。洗衣店就是用这种方法洗掉衣服上的污渍的。"

"那氨水和氨气是同一种物质吗？"约尔问。

"不，它们是不同的物质。氨气是无色透明、具有刺激性气味的气体，会刺激鼻黏膜而使人流泪。氨水是氨气和水的化合物，通常是指溶有大量氨气的水溶液。之所以说大量，是因为氨气极易溶于水，常温下 1 升水约可以溶解 700 升氨气。氨水是氨气的'仓库'，所以氨水中时常会有氨气逸出。如果将氨水加热，氨气就会加速逸出，它的气味就更难忍受了。"

埃米尔说："它会让我们泪流满面。氯气让我们咳嗽，氨气让我们哭。各有各的本事嘛。"

"说得对。氨气不仅有异臭，还对眼睛有强烈的刺激性，会使眼睛红肿流泪，所以凭借这两点就可以分辨出。

"在实验室里，可以将氯化铵（NH_4Cl）和潮解的石灰粉混合后加热后制取氨气。氯化铵是一种白色结晶体。做实验的装置和制取氯气的装置一样，只需要去掉烧瓶上插入的玻璃漏斗就可以。因为氨气比空气轻，所以可以在空气中倒扣空瓶收集，将氨气通入水中制取氨水。

"氨气是由氮气和氢气组成，工业上会将空气中的氮气和氢气直接化合，成为合成氨气。这样得到的氨气既节省费用，产量又大，对农业有很大的帮助。

"你们可能觉得氨气的作用就是除去油渍，但对农民来说氨气是可以制成各种肥料的宝贝，帮助农作物增产。无论是植物还是动物，所有的生命形式都含有氮。它们死后，腐败作用会将它们含有的元素归还给大自然。它们含有的碳会变成二氧化碳，氢会出现在水中，氮会变成氨气。这些因腐败而产生的物质又会被植物重新利用，二氧化碳会提供碳，水提供氢，氨气提供氮，而氧则无处不在。植物将这四种元素组合起来，制造成面包、蔬菜和水果，动物将从植物中得到的食物转化形态，然后又被动物重新利用，制造成肉、奶、毛、皮或其他有用的产品。

"总之，动物只有通过植物才能获取氮。而植物要获取氮，必须从自然界中获取氨这种化合物。由此可知：含氮丰富的粪便是农作物的宝贵肥料。

"关于氨气的水溶液氨水，我再补充一些内容。氨水是一种无色的有刺激性气味的液体，它带有类似石灰和草碱的涩味，而且还能使红色的石蕊试纸变蓝。我们曾经看见过，石灰水使紫罗兰和其他蓝色的花变绿，氨水也具有这个特性。"

"氨气的用途极其广泛。前面我们讲过，蘸点氨水可以用来清除衣服上的油污，但它会使衣服的颜色变淡，改变色质。因此，只有深色和不易褪色的衣物才能经受氨水的洗涤。在这里我还要多说几句，都是你们用得到的知识。做化学实验时，如果有酸类液体溅到深色衣服上，会出现小红点，只要往溅有酸液的地方滴一滴氨水，红色会立即消失，恢复本来的颜色。

"氨水还可以用来治疗被蝎子、黄蜂或蜜蜂的毒刺所蛰后引起的中毒反应，甚至对毒蛇咬伤引起的严重后果起到一定延缓作用。如果能及时给伤口涂上氨水，通常可以止住毒素的发作。

"氨为植物提供了大量的氮，是植物最重要的食物。因此，给农作物施肥时会使用大量粪便，这是因为粪便腐败时会释放出大量的氨气，这无疑给植物带来了大量的食物。现在，人造肥料也日渐成熟丰富，人造肥料除了含氮之外，还含有硫酸钾、磷酸钙等成分，钙、磷、钾也是植物生长必不可少的元素。"

趣味小知识：

黑火药是我国古代的四大发明之一，距今已有 1000 多年的历史。它主要用作枪弹、炮弹的发射药和火箭的推进剂及其他驱动装置的能源，是弹药的重要组成部分。但是小读者们要谨记，在我国自行制作黑火药是违法行为。
